Die Deutschen Weißbücher zur auswärtigen Politik 1870—1914

Geschichte und Bibliographie

Von

Johann Sass

Berlin und Leipzig 1928

Verlag von Walter de Gruyter & Co.

vormals G. J. Göschen'sche Verlagshandlung — J. Guttentag, Verlagsbuchhandlung — Georg Reimer — Karl J. Trübner — Veit & Comp.

Druck von Walter de Gruyter & Co., Berlin W 10

Richard Fick

in alter Freundschaft

gewidmet

Vorwort.

Ein genaues Verzeichnis der vor dem Weltkrieg erschienenen deutschen Weißbücher zur auswärtigen Politik hat bisher gefehlt. Die vorliegende Arbeit möchte diese Lücke, die sich immer wieder fühlbar gemacht hat, beseitigen und überdies einige Mitteilungen zur Entstehungsgeschichte der einzelnen Weißbücher darbieten. Dabei ist der Rahmen absichtlich nicht zu eng gespannt, sodaß auch etliche Veröffentlichungen mehr wirtschaftspolitischen Charakters Aufnahme gefunden haben.

Die Gesamtzahl der Weißbücher ist angesichts eines Zeitraums von 44 Jahren sehr gering. Die Ursachen dieser auffallenden Tatsache ergeben sich aus dem ersten Teil, der einen geschichtlichen Überblick über die verschiedenen Stadien der deutschen Weißbuchfrage enthält.

Diese Frage ruht innerlich engverbunden in dem größeren Fragenkomplex, der die Beteiligung der Volksvertretung an den auswärtigen Angelegenheiten umfaßt. So mußte auch dieses Problem beachtet und nach Möglichkeit klargelegt werden. Dabei erwies sich ein Zurückgreifen auf den Preußischen Landtag als unentbehrlich, weil die in ihm erwachsene Tradition in bezug auf das Verhältnis des Parlaments zur auswärtigen Politik hernach im Reichstag ihre organisch-gesetzmäßige Fortsetzung fand. Zwischen beiden steht als verbindende Einheit die Persönlichkeit Bismarcks, der durch seine grundsätzlich ablehnende Stellungnahme in der Farbbuchfrage die ganze Entwicklung entscheidend beeinflußt hat.

Als Quellenmaterial sind vielfach die Akten im Politischen Archiv des Auswärtigen Amts benutzt worden.

Berlin, im März 1928.

Der Verfasser.

Inhalt.

Verzeichnis der Abkürzungen.

BD = Drucksachen zu den Verhandlungen des Bundesrats des Deutschen Reichs.

RA = Stenographische Berichte über die Verhandlungen des Deutschen Reichstages. Anlagen.

RB = Stenographische Berichte über die Verhandlungen des Deutschen Reichstages.

RS = Sammlung sämtlicher Drucksachen des Deutschen Reichstages.

Sta = Das Staatsarchiv. Sammlung der offiziellen Aktenstücke zur Geschichte der Gegenwart. (Aegidi und Klauhold.) Bd. 19 ff. Hamburg 1870 ff.

Wb = Weißbuch. Vorgelegt dem Deutschen Reichstage. T. 1 ff. Berlin, Carl Heymanns Verlag, 1885 ff.

ADB = Allgemeine Deutsche Biographie.

Bi = Die politischen Reden des Fürsten Bismarck. Historisch-kritische Gesamtausg. von Horst Kohl. Bd. 2 ff. Stuttgart 1892 ff.

DKZ = Deutsche Kolonialzeitung.

GrP = Die Große Politik der Europäischen Kabinette 1871—1914. Sammlung der diplomatischen Akten des Auswärtigen Amtes. Bd. 1 ff. Berlin 1922 ff.

Hagen = Maximilian v. Hagen: Bismarcks Kolonialpolitik. Stuttgart-Gotha 1923.

Herrfurth = Kurt Herrfurth: Fürst Bismarck und die Kolonialpolitik. Berlin 1909. (Geschichte des Fürsten Bismarck in Einzeldarstellungen. Hrsg. von Johannes Penzler. Bd. 8.) — Neue unveränderte Ausg. 1917.

HK = Horst Kohl: Bismarck-Regesten. Bd. 1. 2. Leipzig 1891—92.

Jahrbuch = Jahrbuch der Deutschen Kolonialpolitik. Aktenstücke der deutschen Kolonialpolitik. Bd. 2. 3. Leipzig 1889—90.

NAZ = Norddeutsche Allgemeine Zeitung.

OP = Official Publications of European Governments. Published by the Reference Service on International Affairs, American Library in Paris. Paris 1926.

Erster Teil: Geschichtlicher Überblick.

A. Der Preußische Landtag.

Die aus England stammende Einrichtung der politischen Farb- oder Buntbücher [1]), jener je nach der Farbe

[1]) Über Farbbücher im allgemeinen vgl. Giornale della libreria, della tipografia e delle arti ed industrie affini. Anno 28. N. 27/28. Milano 1915. S. 314: I libri colorati. (Deutsche Übersetzung von E. Rappaport im Beiblatt der Zeitschr. f. Bücherfreunde. N. F. Jg. 7. Januar 1916. H. 10. Sp. 452.) — G. A. E. Bogeng: Die Diplomatie, ihre Einrichtungen und ihre Mittel. (Kriegsschriften des Kaiser-Wilhelm-Dank. 98/99/100.) Berlin (1918), S. 45. — Kl. Löffler: Auswärtige Politik. Halle 1920, S. 10/11. — Wilhelm Bauer: Einführung in das Studium der Geschichte. 2. Aufl. Tübingen 1928, S. 268/69; derselbe in: Politisches Handwörterbuch hrsg. von P. Herre. 1. 1923, 554.

Die Sitte, Bücher nach der Farbe ihres Umschlags oder Deckels zu benennen, ist nicht erst mit den politischen Farbbüchern entstanden, sie reicht vielmehr bis ins Mittelalter zurück und knüpft an eine Tradition an, nach der schon früh, namentlich in den Städten, amtliche Bücher des täglichen Gebrauchs, die der Verwaltung dienten (Kopialbücher, Register, Urbare und dergleichen), ihren Namen von der Farbe des Einbandes erhielten. Dahin gehört z. B. in England „The Red Book of the Exchequer" aus dem 13. Jahrhundert. (Ed. by Hubert Hall, London 1896; vgl. S. IV und V der Vorrede zu Part 1, wo verschiedene derartige „Red, Black, and White Books" erwähnt werden.) Ferner der „Liber Albus: The White Book of the City of London" aus dem Jahre 1419 (hrsg. in den „Munimenta Gildhallae Londoniensis" von Henry Thomas Riley. Vol. 1. London 1859). Für Deutschland sei hingewiesen auf „Das Rote Buch von Weimar", das 1378 abgeschlossen wurde, herausgegeben und erläutert von Otto Franke. Gotha 1891.

des Umschlags in den einzelnen Ländern verschieden benannten amtlichen Veröffentlichungen diplomatischer Aktenstücke, hat in Deutschland erst verhältnismäßig spät Eingang gefunden. Die Frage jedoch, ob diese Einrichtung zweckmäßig und notwendig sei, wurde schon lange vor dem Erscheinen des ersten deutschen Weißbuchs und auch nachher in der deutschen Öffentlichkeit, besonders in den Parlamenten lebhaft erörtert.

Es geschah dies umso gründlicher, weil die Blaubuchfrage, wie wir sie kurz nennen können [1]), in engstem Zusammenhang steht mit einer anderen ebenfalls vielfach diskutierten Frage, ob nämlich die auswärtige Politik ausschließlich Sache der Regierungen sei, oder ob auch die Volksvertretung sich mit ihr zu befassen und bestimmend auf sie einzuwirken habe. Die Meinungen über diesen Punkt gingen von jeher weit auseinander. Regierung und Volksvertretung standen sich in der Regel schroff gegenüber, ebenso die einzelnen Parteien je nach ihrer politischen Einstellung. Einige Beispiele, zunächst aus der Frühzeit der preußischen Kammern [2]), führen uns sofort in die Gegensätze mitten hinein. Auf der einen Seite die Konservativen, die Anhänger des Autoritätsgedankens, die Verteidiger der Monarchie und Gegner des Repräsentativsystems, die in der Führung der auswärtigen Politik ein unantastbares Vorrecht der Krone sahen und jeden parlamentarischen Eingriff in diese Sphäre entschieden ablehnten. Auf der

---

(Thüringisch-sächsische Geschichtsbibliothek. 2.) Auch Straubing besaß seit dem 15. Jahrhundert ein „Rotes Buch". (Vgl. Archivalische Zeitschrift, Bd. 9, 1884, S. 120 ff.) In Italien dürfte einer der ältesten Fälle der „Liber Albus" in Venedig sein, der dem 14. Jahrhundert angehört. (Vgl. Heinrich Kretschmayr: Geschichte von Venedig. Bd. 1. Gotha 1905, S. 397.)

[1]) Über die Verwendung des Ausdrucks „Blaubücher" zur generellen Bezeichnung von Farbbüchern jeder Art vgl. die Anm. zum Weißbuch Nr. 9, S. 129.

[2]) Vgl. den Artikel „Die auswärtige Politik und der preußische Landtag". (Berliner Revue, Bd. 14, 3. Quartal 1858, S. 457—461.)

anderen Seite die Liberalen, die Vorkämpfer für Demokratie und Parlamentsherrschaft, die mit Nachdruck dafür eintraten, daß auch die auswärtige Politik unbedingt vor das Forum des Parlaments gehöre, das sie gewissermaßen zu kontrollieren habe und daher seitens der Regierung von Zeit zu Zeit durch Darbietung außenpolitischen Materials entsprechend unterrichtet werden müsse.

Schon in der zum 26. Februar 1849 einberufenen zweiten Kammer hören wir derartige Stimmen. So äußerte der Abgeordnete von Kirchmann [1]) am 26. März 1849 bei der Beratung des Entwurfs einer Adresse an den König, er verzweifle nicht an der Einheit Deutschlands. Es schienen ihm noch zwei Wege vorhanden, die sicher zum Ziele führten. Der eine, den er nicht wünschen wolle, sei ein allgemeiner europäischer Krieg. „Man hat uns auch heute wieder ... diesen Krieg als einen Grund entgegengehalten, die Sorge für die Freiheit bei Seite zu lassen; es sei keine Zeit mit den Regierungen zu streiten, wir müßten uns innig an die Regierungen anschließen, um jede Gefahr zu beseitigen oder stark ihr entgegenzutreten. Ich habe nur das kleine Bedenken, daß ich diese Gefahr nicht für so groß halten kann, wie hier und in Frankfurt versichert wird. Einmal, wenn eine Gefahr vorhanden wäre, so würde ich verlangen, daß die Regierung die betreffenden Dokumente auf den Tisch dieses Hauses niederlegte und jene Zurückhaltung aufgebe, jenes tiefe Schweigen breche, was sie bisher über die auswärtigen Verhältnisse beobachtet hat“ [2]).

Am folgenden Tage, der die Fortsetzung und den Schluß der Adreß-Debatte brachte und an dem besonders auch der das Verhältnis zu Dänemark betreffende Abschnitt des Entwurfs auf der Tagesordnung stand, machte der Abgeordnete

---

[1]) Julius Hermann von Kirchmann, 1802—1884. ADB 51, 167 ff. — P. Wentzcke: Deutscher Liberalismus im Zeitalter Bismarcks. 2, 1926, S. 471.

[2]) Stenogr. Ber. 2. Kammer. 1849, 287.

Arntz [1]) folgende in grundsätzlicher Hinsicht für den Standpunkt der Linken höchst charakteristische Ausführungen [2]): „Zum erstenmal ist heute das preußische Volk berufen, auch über die auswärtigen Angelegenheiten, die bisher nur der Führung des Kabinetts vorbehalten waren, seine Stimme vernehmen zu lassen. Es geschieht dies in einem Augenblick, wo die Lage Europas wie die Lage unseres Vaterlandes verwickelter ist, als sie vielleicht je seit Anfang dieses Jahrhunderts es war [3]). Aber die Schwierigkeit unserer Aufgabe kann uns nicht davon abhalten, unsere Pflicht zu tun. Die Tribüne hat ihr Recht, sie hat aber auch ihre Pflicht, sie hat ihre große Verantwortlichkeit ebenso gut, wie die Räte der Krone ihre Verantwortlichkeit der Krone und dem Lande gegenüber haben".

„Die auswärtige Politik berührt zunächst das Volk weniger unmittelbar als die innere Politik. Nur in jenen großen Krisen, wenn alle Herzen des Landes schlagen, wenn das Vaterland in Gefahr ist und das Gefühl der gemeinschaftlichen Gefahr alle durchdringt, nur in solchen Krisen zeigt sich in der Regel die Teilnahme des Volkes auch an den auswärtigen Angelegenheiten. Aber in einem Staate, welcher der Entwickelung aller Freiheiten entgegengeht, in einem Staate, wo das Prinzip die Selbstregierung hinfüro sein soll, wo der Schwerpunkt der Staatsgewalt aus dem Kabinett in das Parlament verlegt worden ist oder werden soll, müssen die auswärtigen Angelegenheiten ebensogut ihre umsichtige, gründliche Prüfung und Besprechung finden, als auch die inneren Angelegenheiten. Es muß sich auch über die auswärtigen Angelegenheiten im Volke ein Rechtsbewußtsein bilden, und zu gleicher Zeit ein Bewußtsein seiner Interessen, es muß auch über diese Angelegenheiten im Volke die Einsicht verbreitet werden, wo seine eigent-

[1]) Aegidius Rudolph Nicolaus Arntz, 1812–1884. ADB 46, 55ff.

[2]) Stenogr. Ber. 2. Kammer. 1849, 301.

[3]) Am 23. Februar 1849 hatte Dänemark den Waffenstillstand von Malmö gekündigt.

lichen Interessen liegen, wie sie am besten befolgt und vertreten werden können. Die Regierung wird natürlich immer vorzugsweise mit der Leitung der auswärtigen Angelegenheiten betraut bleiben. Sie eignen sich weniger dazu, eine so direkte Intervention des Parlaments zu ertragen, wie die inneren Angelegenheiten".

„Aber eben gerade darum, weil hier die Regierung weniger unmittelbar von dem Parlament einen Impuls empfängt, muß sich eine Volksüberzeugung über die auswärtigen Angelegenheiten begründen, damit einerseits die Regierung einen Haltpunkt habe, damit ihr gezeigt werde, . . . wie sie die auswärtige Politik zu führen habe, und auf der anderen Seite, damit dadurch, daß das Volksbewußtsein in den auswärtigen Angelegenheiten klar hervortritt, die Regierung den Puls des Landes fühlen könne, um so mit größerer Sicherheit und unfehlbarer das Richtige zu treffen und überall bei der Führung der auswärtigen Angelegenheiten wirklich vom Volke getragen zu werden".

Die preußische Regierung verhielt sich dem Drängen nach außenpolitischer Orientierung des Parlaments sowie auch einzelnen dahin zielenden Anfragen gegenüber von jeher durchaus ablehnend. Zur Begründung dieses Standpunkts betonte man unter anderem immer wieder die Unmöglichkeit, über schwebende Verhandlungen irgendwelche Auskunft geben zu können, ein vielfach anerkanntes Prinzip, dem in der Kammersitzung vom 23. April 1849 selbst der Abgeordnete Bucher [1]) eine gewisse Berechtigung zubilligte, freilich nicht ohne gleichzeitig einige scharfe Pfeile gegen das herrschende System zu richten. Bucher hatte damals die Regierung interpelliert wegen der Bekanntmachung des preußischen Generalkonsuls in London, daß der Waffenstillstand mit Dänemark bis zum 15. April ver-

[1]) Adolph Lothar Bucher, 1817—1892, damals Oberlandesgerichtsassessor in Stolp. ADB 47, 316. Über die Interpellation vgl. auch H. v. Poschinger: Ein Achtundvierziger. Lothar Buchers Leben und Werke. 1, 90 ff.

längert sei, eine Nachricht, die sich später als falsch erwies. Als die Angelegenheit in der zweiten Kammer zur Besprechung kam, bemerkte er[1]: „Ich habe diese Interpellation nicht gestellt, um eine Aufklärung über die in der dänischen Frage befolgte Politik zu erhalten. Ich weiß, wie schwer das hält, einem Diplomaten gegenüber und namentlich einem Diplomaten der Schule, welcher der zeitige Herr Minister des Auswärtigen[2]) angehört. Ich habe daher auch die naheliegende Frage unterdrückt, wie die Sache zusammenhängt . . . Ich kann mir die Antwort darauf selbst sagen; sie würde wahrscheinlich lauten, daß es nicht Sitte sei, über schwebende Verhandlungen Auskunft zu geben, und es läßt sich in der Tat gegen diesen Grundsatz wenig erinnern, solange noch kein gesunder völkerrechtlicher Verkehr, sondern die alte, heimliche, pfiffige Kabinetts-Politik besteht".

Eine ähnliche Resignation in bezug auf das Entgegenkommen der Regierung in auswärtigen Dingen wie Bucher bekundete der Abgeordnete von Vincke[3]) beim Beginn der Adreß-Debatte am 3. Dezember 1850. Er sagte damals[4]): „Ich erkläre mich gegen den Adreß-Entwurf der Kommission".

„Ich finde denselben mit einem Worte zu matt und der jetzigen Lage der Verhältnisse und der Würde der Kammer nicht entsprechend. Um diese Ansicht zu rechtfertigen, werde ich mir erlauben, die auswärtige Politik der Regierung Sr. Majestät zu erörtern".

„Ich muß vorausschicken, daß die Kommission sich leider nicht in der Lage befunden hat, über alles, was in der gegenwärtigen Lage zu wissen erwünscht war, eine genügende Aufklärung von den Räten der Krone zu erlangen".

---

1) Stenogr. Ber. 2. Kammer. 1849, 618.

2) Heinrich Friedrich Graf von Arnim, 1791—1859, vom 23. Februar bis zum 3. Mai 1849 Minister der auswärtigen Angelegenheiten.

3) Georg Freiherr von Vincke, 1811—1875. ADB 39, 743 ff.

4) Stenogr. Ber. 2. Kammer. 1850/51. 1, 45.

„Es ist Gebrauch in allen parlamentarischen Verhandlungen der Welt, daß namentlich in Augenblicken von der Wichtigkeit des gegenwärtigen vollständige Aufklärung über die Lage der auswärtigen Verhältnisse erteilt werde".

„Wir haben dies verlangt und in allen Beziehungen Fragen an das Ministerium gerichtet, um eine ausführliche Auskunft zu erhalten. Sie ist uns nicht geworden. Man hat uns auf schwebende Verhandlungen hingewiesen. Es ist bekannt, daß dieser Grund einer vollständigen Mitteilung der Verhandlungen entgegengesetzt zu werden pflegt in allen Versammlungen der Welt. Aber es hat diese Rücksicht ihre Grenzen".

„Ich glaube, zwei Grenzen werden von allen Seiten anerkannt werden. Einmal, daß über Verhandlungen Mitteilungen gemacht werden, die wenigstens vollständig schon hinter uns liegen und wobei doch die Ehre unseres Landes wesentlich beteiligt ist . . ."

„Die andere Schranke, welche geltend zu machen wäre, ist die, daß wenigstens gewisse Grenzen vorgezeichnet sein müssen, über welche nicht hinausgegangen werden dürfte: die Grenzen zwischen Ehre und Schmach, solche prinzipielle Grenzen, über welche die Regierung unter keinen Umständen hinauszugehen beabsichtigt. Solche Schranken sind uns nicht angedeutet. Man hat uns bis auf den letzten Tag in vollständiger Ungewißheit gelassen".

Dieselbe Klage erhob am 6. März 1851 bei der Beratung des Etats für das Ministerium der auswärtigen Angelegenheiten der Abgeordnete von Beckerath[1]: „Über alles, was seit der vorigen Session auf dem Gebiete unserer auswärtigen Politik sich ereignet hat, über den Fürsten-Kongreß, das Fürsten-Kollegium, über die Verhandlungen in Warschau und in Olmütz ist der Kammer nicht das Geringste weder mündlich noch schriftlich mitgeteilt worden[2]". Ihm er-

---

[1]) Hermann von Beckerath, Bankier in Krefeld, 1801–1870. ADB 2, 231 ff. – Wentzcke: Deutscher Liberalismus. 2, 459.

[2]) Stenogr. Ber. 2. Kammer. 1850/51. 1, 447.

widerte unter dem Beifall der Rechten der Abgeordnete von Bodelschwingh (Hagen)[1]) in seiner Eigenschaft als Vorsitzender der Zentral-Kommission zur Prüfung des Staatshaushalts-Etats, wenn „der geehrte Deputierte für Krefeld“ voraussetze, die Zentral-Bugdetkommission habe, indem sie den Ausgabe-Etat des Ministeriums der auswärtigen Angelegenheiten zur Beratung zog, eine umfassende Erörterung über das politische System unseres Ministeriums vorausgehen lassen, und das Ministerium habe infolge dieser Erörterung dieses sein System der Zentral-Budgetkommission enthüllt, wenn er daraus folgere, die Kommission müsse jetzt imstande sein, auch die Kammer darüber aufzuklären oder gar das System zu rechtfertigen, so seien diese Voraussetzungen völlig unbegründet. „Die Zentral-Budgetkommission hat nicht also gehandelt. Sie hat nicht geglaubt, daß sie bei der Prüfung des Budgets der auswärtigen Angelegenheiten in dieser Beziehung eine Kontrolle übernehmen dürfe, am wenigsten, daß sie dazu verpflichtet sei . . . Die Mitglieder derselben haben wohl gewußt, daß es in anderen Staaten, namentlich in Frankreich, Sitte ist, an die Beratung des Budgets des auswärtigen Ministeriums eine ausführliche Debatte über die Politik zu knüpfen; sie hat aber keine Verpflichtung gefühlt, der Kammer in dieser Beziehung mit dem Beispiele voranzugehen, alles nachzuahmen, was in Frankreich Sitte ist. Sie hat es deshalb nicht getan [2])“.

In diesem Zusammenhang sei auch jene interessante Debatte kurz erwähnt, die sich am 1. Mai 1851 in der bayerischen Abgeordneten-Kammer entspann. Dort hatte der Abgeordnete Fürst von Oettingen-Wallerstein [3]) den Antrag gestellt, „das königliche Gesamt-Ministerium möge ungesäumt alle, die kurhessische Frage und die bayerische

---

[1]) Ernst von Bodelschwingh, 1794—1854, 1842—1848 preußischer Staatsminister. ADB 3, 3 ff.

[2]) Stenogr. Ber. 2. Kammer. 1850/51. 1, 448.

[3]) Ludwig Fürst von Oettingen-Wallerstein, 1791—1870. ADB 40, 736 ff.

Intervention in jenem Lande berührenden Papiere auf dem Tische des Hauses niederlegen". Der Antrag war einem besonderen Ausschuß überwiesen worden, der zu einem ablehnenden Ergebnis gelangt war. Zur Begründung wies der Bericht des Ausschusses darauf hin, daß „als Folge des kurhessischen Konflikts die deutsche Frage notorisch aus dem Stadium der drohenden gewaltsamen Entscheidung in jenes der Unterhandlungen zurückgetreten sei. So lange dieser Zustand dauert, würde die Vorlage von Akten der parlamentarischen Sitte sowohl, als den Anforderungen der Politik widersprechen". Darauf erwiderte der Antragsteller: „Vor allem widerspreche ich dieser Behauptung. In Ländern mit durchgebildetem Repräsentativsysteme werden sehr oft Papiere über noch schwebende Unterhandlungen verlangt, und bloß steht dem Ministerium zu, sie ob der Schwebe zu verweigern; wie oft wird nicht, namentlich in England, bei noch schwebender Unterhandlung das Verlangen nach Papieren gestellt, und dieses Verlangen als Anlaß zu Diskussionen benützt?"

Gegen den Antrag sprach der Abgeordnete von Lasaulx[1]) mit folgenden Darlegungen: „Die Sitte, an das Ministerium das Verlangen zu stellen, es möge politische Papiere auf dem Tische des Hauses niederlegen, damit die Volksvertretung davon Einsicht nehmen und über die Politik der Regierung ein sittliches Urteil fällen könne, diese Sitte stammt aus England, und hat dort einen Sinn; denn England ist eine Weltmacht, es hat eine selbständige Politik und diese Politik ist in Europa von entscheidendem Einflusse".

„Wir aber sind leider keine Weltmacht und können keine selbständige Politik haben; und das, was unter englischen Verhältnissen, auf der Grundlage englischer Größe, mit Maß und Besonnenheit geübt, groß und gut sein kann, ist ohne die englische Größe nicht gut. Ich betrachte darum den Antrag des Herrn Fürsten, den ich nicht als meinen

[1]) Peter Ernst von Lasaulx, 1805—1861. ADB 17, 728 f.

Anführer zu verehren habe, als einen von vornherein verfehlten, als eine unglückliche Nachahmung englischer Verhältnisse ohne die englische Macht".

Der Antrag des Fürsten Wallerstein wurde schließlich mit 78 gegen 47 Stimmen abgelehnt [1]).

Auch in diesen Verhandlungen der bayerischen Kammer stand hinter dem äußeren Für und Wider hinsichtlich der Vorlage von Dokumenten der tiefe innere Gegensatz der Geister, der Kampf zwischen Rechts und Links, der damals in ganz Deutschland herrschte, und als Kampfziel: auf der einen Seite der vollendete Absolutismus, auf der anderen die vollendete Freiheit des Volkes.

In Preußen verschärfte sich der Streit über die Zuständigkeit der Kammern auf dem Gebiet der auswärtigen Politik besonders heftig zur Zeit des Krimkrieges. Am 6. März 1854 erging ein Handbillett des Königs an den Ministerpräsidenten von Manteuffel, in dem er ihn wissen ließ: „Ich will, daß sobald als irgend möglich ein Kredit von dreißig bis vierzig Millionen vom Landtag begehrt wird, ohne allen Zusatz als den: Zur nachdrücklichen Aufrechterhaltung der festbeschlossenen Neutralität [2])". Daraufhin brachte Manteuffel am 18. März einen Gesetzentwurf wegen einer Kreditbewilligung von 30 Millionen Talern ein, um „Preußen unter allen Umständen die ihm gebührende Mitwirkung zur Erhaltung des europäischen Gleichgewichts zu wahren", und damit es in der Lage sei, „jedem Bundesgenossen treu zur Seite zu stehen, der durch seine geographische Lage früher als Preußen berufen sein möchte, zur Verteidigung deutscher Interessen das Schwert zu ziehen [3])". Zur Vorprüfung der Kreditvorlage wurde eine

---

[1]) Verhandlungen der Kammer der Abgeordneten des bayerischen Landtages im J. 1851. Beilagen-Bd. 1. Beil. 40, S. 500, 503; Stenogr. Ber. 1, 375, 380, 381.

[2]) H. v. Poschinger: Preußens auswärtige Politik 1850—1858. 2, 352.

[3]) Stenogr. Ber. 2. Kammer. 1853/54. 2, 619/20.

besondere Kommission gewählt, deren erster Bericht [1]) am 8. April 1854 in der zweiten Kammer zur Beratung kam [2]).

Nach dem Bericht wurde schon im Laufe der Kommissionsverhandlungen von einer Seite „auf das Bedenkliche einer parlamentarischen Einwirkung auf die auswärtige Politik der Regierung aufmerksam gemacht, gleichzeitig jedoch auch das Recht jedes Mitgliedes anerkannt, sich so viel Auskunft über die mit der Kreditbewilligung in innigem Zusammenhange stehende politische Frage zu verschaffen zu suchen, um demnächst mit Gewissenhaftigkeit sein Votum abgeben zu können". In diesem Sinne beantragten einzelne Mitglieder „die Vorlegung einer Reihe von Aktenstücken von Seiten der Staatsregierung, um eine tatsächliche Unterlage zu gewinnen und sich danach ein sicheres Urteil über die Stellung Preußens zu den auswärtigen Mächten, sowie über die bisherige und künftige Politik der Regierung bilden zu können". Von den sechs geforderten Aktenstücken konnten jedoch nur zwei der Kommission zugänglich gemacht werden, die Mitteilung der übrigen vier wurde vom Ministerpräsidenten „aus höheren Staatsrücksichten" abgelehnt.

In der Kammersitzung vom 8. April wurde dann die Zuständigkeitsfrage wiederholt berührt. Der konservative Abgeordnete Freiherr von Manteuffel [3]) erklärte: „Ich meinerseits glaube nicht, daß dem Hause eine Beurteilung der auswärtigen Verhältnisse im Wege der Diskussion überhaupt entzogen werden kann und entzogen werden soll. Ich behaupte aber, daß dem Hause eine bestimmte Beschlußfassung über die auswärtigen Verhältnisse nicht zusteht

[1]) Stenogr. Ber. 2. Kammer. 1853/54. 3. Anlagen. Nr. 118, S 398 ff.

[2]) Zu den Kammerverhandlungen über die Kreditbewilligung vgl. H. v. Poschinger: Unter Friedrich Wilhelm IV. Denkwürdigkeiten des Ministerpräsidenten Otto Freiherrn v. Manteuffel. 2, 405—418.

[3]) Karl Otto Freiherr von Manteuffel, 1806—1879, damals Unterstaatssekretär im Ministerium des Innern. Vgl. Parlamentar. Handb. f. d. Preuß. Landtag. 1877, S. 111.

und diesem zu entziehen ist. Es handelt sich also ... nur darum, inwiefern man glauben möchte, daß eine Diskussion über die auswärtigen Verhältnisse in diesem Augenblicke eine heilsame Wirkung haben könnte, und nach allem dem, was mir von der Lage der auswärtigen Verhältnisse bekannt geworden ist, muß ich erklären, daß eine Diskussion über dieselbe gegenwärtig keine andere Wirkung haben könnte, als eine gemeinschädliche. Deshalb wollen wir in eine solche Diskussion nicht gehen".

„Lebhaftes Bravo rechts, Zischen links" war die Antwort der Kammer auf Manteuffels Rede. Das umgekehrte Echo „Bravo links, Zischen rechts" tönte dem folgenden Redner entgegen. Es war der Abgeordnete von Bethmann-Hollweg [1]), der sich den Beifall der Linken erwarb, weil er dem Abgeordneten von Manteuffel entgegenhielt, „er habe der Kammer zwar nicht das Recht bestritten, über die großen europäischen Verhältnisse, die diese Beratung veranlaßten, zu reden, aber er habe ihr schließlich doch den Mund verboten, indem er am Schlusse aussprach, es wäre sehr inopportun darüber zu reden. Ich halte es für sehr an der Zeit [2])".

Im weiteren Verlauf der Debatte warf der Abgeordnete Reichensperger (Geldern) [3]) die Frage auf: „was antwortet denn die Geschichte und das nationale Recht auf die Frage, ob die Landes-Vertretung überhaupt mitzusprechen habe, wenn es sich um äußere Politik handelt?" „Kennen Sie die Geschichte von Kaiser und Reich denn gar nicht mehr?" rief er der Rechten zu, „wissen Sie nicht, daß unsere Territorialstände immer darum gefragt worden sind, nicht blos, um Steuern zu bewilligen und Anleihen zu genehmigen? Nein, die alten historischen Stände wurden förmlich gefragt und mußten gefragt werden, ob Krieg oder Frieden sein

---

[1]) Moriz August von Bethmann-Hollweg, 1795–1877. ADB 12, 762 ff.

[2]) Stenogr. Ber. 2. Kammer 1853/54. 2, 820/21.

[3]) Peter Reichensperger, 1818–1892. ADB 53, 281.

solle. Das in unserer Verfassungs-Urkunde [1]) sanktionierte Recht des Königs über Krieg und Frieden ist erst im vorigen Jahrhunderte erwachsen, allein es schließt nur aus, daß die Landesvertretung die äußere Politik mache — keineswegs, daß sie danach frage".

In völlig entgegengesetztem Sinne äußerte sich schließlich der Führer der äußersten Rechten, Herr von Gerlach [2]), der die ganze Debatte für unwichtig und überflüssig erklärte. Es sei ja gewiß, daß der Kredit bewilligt werde. Man solle daher alle Phrasen bei Seite lassen, die doch gegenüber den kolossalen Realitäten des Moments und den schweren Pflichten der Regierung keinen Einfluß üben könnten. „Die völlige Unfähigkeit der Kammer, solche Fragen zu beurteilen", liege vor aller Augen. Er habe den Eindruck gehabt, daß mehrere von den Herren von Sachen gesprochen hätten, von denen sie nichts verständen. Die Kammer mit ihren durch stets wechselnde Zufälle bedingten, dauernd hin und her schwankenden Majoritäten könne unmöglich durch ihr Votum ein entscheidendes Gewicht nach dieser oder jener Seite hin in die Wagschale der auswärtigen Politik der Regierung oder gar der europäischen Politik legen. „Lassen Sie uns die auswärtige Politik als ein noli me tangere behandeln. Seien wir endlich gewitzigt, meine Herren, machen wir keine auswärtige Politik, in der wir nichts zu leisten imstande sind. Lassen Sie uns ehrlich anerkennen, ... daß wir ebenso wenig qualifiziert sind, äußere Politik zu machen, als wir die Macht dazu haben, und lassen Sie uns daher den Kredit sans phrase bewilligen [3])".

Die erste Kammer hatte sich am 25. April 1854 mit

---

[1]) Artikel 48.

[2]) Ernst Ludwig von Gerlach, 1795—1877. ADB 9, 9 ff. — H. v. Arnim und G. v. Below: Deutscher Aufstieg. Bilder aus der Vergangenheit und Gegenwart der rechtsstehenden Parteien. Berlin 1925, S. 95 ff.

[3]) Stenogr. Ber. 2. Kammer. 1853/54. 2, 835, 839—841. — Vgl. auch Preußisches Wochenblatt, Jg. 3, 1854, S. 123—125, 133/34.

dem Kreditgesetz zu befassen. Auch hier lag ein Kommissionsbericht vor, der in der Kompetenzfrage den Kammern unzweideutig jedes Recht bestritt. „Welche Richtung“, hieß es da, „im weiteren Verlaufe der gegenwärtigen Krisis die preußische Politik zu verfolgen, und welche Haltung Preußen den Ereignissen gegenüber im entscheidenden Augenblick einzunehmen hat, ist eine Frage, deren Erörterung nicht in der Stellung der Kammern liegt; die Entscheidung darüber steht, da das Recht, Krieg zu erklären und Frieden zu schließen, auch andere Verträge mit fremden Regierungen zu errichten, verfassungsmäßig eine ausschließliche Prärogative der Krone bildet, lediglich der Staatsregierung zu; und die Kammern würden aus ihren verfassungsmäßigen Befugnissen heraustreten, wenn sie die Staatsregierung in ihrer Politik für die Zukunft irgendwie binden oder beschränken wollten [1])“.

Diese Auffassung der Kommission wollte der Abgeordnete von Vincke [2]) in keiner Weise gelten lassen. „Ich glaube“, sagte er, „daß man dem Rechte der Kammer zu nahe tritt, wenn man ihr jede Erörterung über die auswärtige Politik abschneidet, und sehe auch keinen vernünftigen Grund dazu ein. Denn wenn die Regierung die Kräfte des Landes dazu bedarf, so wird sie immer bereit sein müssen, Aufschluß über die auswärtige Politik zu geben, und es wird ihr nützlich sein, durch die Vertreter des Volkes die Meinung desselben kennen zu lernen“.

Unter den übrigen Rednern erklärte der Abgeordnete Graf von Itzenplitz [3]) die auswärtigen Verhältnisse für „ein

[1]) Stenogr. Ber. 1. Kammer. 1853/54. 3. Anlagen. Nr. 55, S. 372.

[2]) Karl Freiherr von Vincke (Vincke-Olbendorf), 1800–1869. ADB 39, 756 ff.

[3]) Heinrich Friedrich August Graf von Itzenplitz, 1799–1883, später, seit Dezember 1862 preußischer Handelsminister im „Konflikts-Ministerium“. Vgl. Bismarck: Gedanken und Erinnerungen. Neue Ausg. 1. 1913, S. 341; Bismarck-Portefeuille. Hrsg. v. Poschinger. 1, 70 ff.

Terrain, auf dem die Kammern sich nur mit größter Vorsicht bewegen sollten". „Es liegt in der Natur der Sache einmal, daß die Kammern fast niemals vollständig informiert sein können. Die schwebende Frage, die den Augenblick regelt und eben die Hauptsache ist, kann ihnen nicht mitgeteilt werden und wird ihnen auch nicht mitgeteilt; außerdem aber besteht die Politik, namentlich die auswärtige, darin, den günstigen Augenblick zu benützen; wenn man nun vor der Benutzung desselben die Zustimmung der Kammern einholen wollte, so würde man den günstigen Augenblick verstreichen lassen. Es ist also eine Unmöglichkeit. Dagegen bin ich der Meinung, daß die Kammern sich nicht der Beurteilung solcher Verhältnisse in bezug auf die Vergangenheit, und auf die aus dieser abzuleitenden Entschließungen entziehen können... Was die Zukunft anbetrifft, so ist ein Rat der Kammern in bezug darauf weder ratsam noch begründet... Über diese Dinge müssen wir Sr. Majestät dem Könige unserm Herrn und Seiner Regierung vertrauen, und ich glaube, daß wir das können".

Einen ähnlichen Standpunkt nahm der Abgeordnete Stahl[1]) mit folgenden Bemerkungen ein: „Es hätte mir das Angemessenere geschienen, wenn die preußische Landesvertretung für den Zweck der Kreditbewilligung oder Verweigerung, welche ihr gutes Recht ist, das Bedürfnis untersucht hätte, über das ja kein Zweifel obwalten kann, und in die Politik sich nicht gemischt hätte. Abgesehen von der streitigen Grenze der Berechtigung hierzu, erfordert es Preußens europäische Stellung, daß für auswärtige Verhältnisse, denen nur mit einheitlicher Energie und nicht mit Parteigezerre gedient ist, der König die volle über den Kammern erhabene Macht behaupte, wie sie seine Vorfahren gehabt und durch die sie Preußen groß gemacht haben. Solche Bescheidung wäre auch die sicherste Gewähr für den Fortbestand unserer Landesvertretung, ja es scheint mir

[1]) Friedrich Julius Stahl, 1802–1861. ADB 35, 392 ff. – Arnim und Below: Deutscher Aufstieg, 49 ff.

der Würde der Kammern selbst zu entsprechen, daß sie ihre Wirksamkeit nicht auf ein Gebiet ausdehnen, auf welchem sie rechtlich und tatsächlich ohne Macht sind, daß sie sich aller Redeübungen enthalten [1])".

Im Jahre 1855 kam die Frage der auswärtigen Politik in der zweiten Kammer erneut zur Sprache bei der Beratung über die Fortdauer des Kredits zur Deckung des außerordentlichen Geldbedarfs der Militärverwaltung, d. h. zur Aufrechterhaltung des durch den drohenden Charakter der Orientfrage bedingten Zustandes der Kriegsbereitschaft. Die zur Vorberatung des betreffenden Gesetzentwurfs ernannte Kommission hatte einen umfassenden Bericht erstattet, der sich auch mit der Zuständigkeit der Kammer eingehend beschäftigte. Wiederum trat die gegensätzliche Anschauung der Rechten und Linken über diesen Punkt klar zu Tage. Der Bericht sagt darüber in der Hauptsache folgendes: „Bei der allgemeinen Diskussion kam zunächst die Vorfrage zur Sprache: „Ob es überhaupt zur Aufgabe der Kammer gehöre, die politische Seite der Vorlage ins Auge zu fassen und die auswärtige Politik der Regierung einer eingehenden Erörterung zu unterziehen". Dieser Frage gegenüber machten sich zwei entgegengesetzte Ansichten geltend. Von der einen Seite bestritt man der Kammer überhaupt den Beruf hierzu. Von der anderen Seite her wurde gegen diese Auffassung eingewendet, daß das Recht der Kammer, Fragen der auswärtigen Politik in den Bereich ihrer Beratungen zu ziehen, außer allem Zweifel stehe [2])".

Die Kammer verhandelte am 21. März 1855 über den Kommissionsbericht. Gegenüber der „sehr kampfbereiten" Majorität der Kommission, die die Kompetenz der Kammer bejaht hatte, vertrat der Ministerpräsident von Manteuffel die Meinung, „daß in unserem Lande, nach dessen hi-

[1]) Stenogr. Ber. 1. Kammer. 1853/54. 2, 648, 650, 656, 657.

[2]) Stenogr. Ber. 2. Kammer. 1854/55. 3. Anlagen. Nr. 73, S. 302.

storischen und geographischen Verhältnissen, die auswärtige Politik niemals von den Kammern, sondern immer von dem Landesherrn wird gemacht werden müssen... Dieselben Gründe, welche mich abgehalten haben, in Ihrer Kommissionssitzung tiefe eingehende Erklärungen über die Politik der Regierung abzugeben, verbieten mir dies auch jetzt, und ich werde diese Linie aus keinem anderen Grunde nicht überschreiten, als weil ich dies im Interesse des Landes für notwendig halte, weil ich das nicht der Öffentlichkeit anvertrauen darf, was von den Feinden Preußens benutzt werden könnte".

Gegen die Rechte wandte sich der Abgeordnete Reichensperger (Köln)[1], und zwar suchte er besonders den mehrfach erhobenen Einwand zu widerlegen, daß „die Kammer nicht die Fähigkeit und darum auch nicht den Beruf habe", über außenpolitische Dinge zu urteilen. „Wenn man solche Äußerungen hört", so lauteten seine Worte, „so sollte man glauben, es handle sich etwa um die Berechnung der Bahn eines Kometen, oder um die chemische Analyse einer neuen Substanz oder um sonst irgend ein schwieriges Problem, worüber die Kammer votieren solle. Dem ist aber nicht also: Die Fragen der auswärtigen Politik erscheinen nur deshalb so großartig und zurückschreckend, weil sich häufig Ereignisse, Tatsachen daran knüpfen, die außer aller Berechnung liegen; die Art aber, wie diese Tatsachen in der diplomatischen Welt gehandhabt werden, läßt überall die menschliche Natur gar sehr durchblicken. Auch aus diesen Regionen ist der alte Dunst- und Sagenkreis verschwunden, auch hier ist die Zunftlade offengelegt".

„Ich gestehe, daß auch ich längere Zeit hindurch geglaubt habe, es hätte etwas außerordentlich Großartiges und Geheimnisvolles mit den auswärtigen Angelegenheiten auf sich; seitdem aber die Diplomaten selbst sich bemüßigt

[1]) August Reichensperger, 1808—1895. ADB 53, 276 ff. Vgl. Parlamentarische Reden der Gebrüder August und Peter Franz Reichensperger. Regensburg 1858, S. 724 ff.

gesehen haben, wie auch heute noch geschieht, alle ihre geheimen Verhandlungen und Depeschen sofort an die Öffentlichkeit treten zu lassen (was doch, wie ich beiläufig bemerken will, nicht um der Diplomaten willen geschieht, denn diejenigen, welche die Depeschen verfassen und erhalten, kennen sie doch wohl, sondern um des Volkes willen, das darüber urteilen soll), seitdem also die Depeschen Eigentum des großen Publikums geworden sind, hat jener Nimbus sehr gelitten. Ich bitte Sie, meine Herren (nach rechts), die Sie so außerordentlich wenig Vertrauen zu Ihrer Fähigkeit, die auswärtige Politik zu beurteilen, besitzen, ich bitte Sie, einmal diese Art von Lektüre etwas mehr zur Hand zu nehmen, und empfehle Ihnen beispielsweise den „Kongreß von Verona [1]“. Es ist dies ein Buch, verfaßt von einem Schriftsteller oder Dichter, der damals die auswärtige Politik Frankreichs führte, während in Downingstreet zu London der erleuchtete Sohn einer Schauspielerin das Steuer hielt [2]). Wenn Sie einmal dahinein blicken, so werden Sie sehen, wie außerordentlich menschlich es in der hohen Politik hergeht, und wie es meist, um die wirkenden Hebel herauszufinden, keines sonderlichen Scharfsinnes bedarf ... Die auswärtige Politik ist jenes noli me tangere nicht, für welches das geehrte Mitglied im vorigen Jahr sie ausgab [3]). Wir wollen ruhig daran gehen, aber dabei nicht vergessen, daß allerdings auf dem fraglichen Gebiete Takt und Mäßigung vor allem nottun, weil es die zartesten Verhältnisse berührt, daß hier mehr Rücksichten zu nehmen sind, als bei irgend einer andern Debatte“.

Für die Rechte sprach der Abgeordnete von Gerlach, der den Standpunkt seiner Partei der Frage der auswärtigen Politik gegenüber nochmals unterstrich: „wir wünschen, daß die Kammer die auswärtige Politik als ein noli me

---

[1]) Chateaubriand: Congrès de Vérone. Guerre d'Espagne. Négociations: Colonies espagnoles. Ed. originale. T. 1. 2. Leipzig 1838.

[2]) George Canning.

[3]) Der Abgeordnete von Gerlach. Vgl. S. 13.

tangere behandle und gründen diesen Wunsch auf das Vertrauen zu Sr. Majestät und auf das Mißtrauen gegen uns selbst, als Kammer", freilich nicht wegen „der individuellen Unfähigkeit" der einzelnen Mitglieder, sondern wegen der Tatsache, daß in dieser Kammer die Mehrheiten hin und her schwanken".

Der Abgeordnete von Bethmann-Hollweg endlich meinte, die immer wieder auftauchenden Einwendungen von der „Inkompetenz und Inkonvenienz" sowie von der „Unfähigkeit der Kammer in ihrer Gesamtheit" seien doch etwas alt und mürbe geworden. „Wir wollen bewilligen, aber nicht stumm; wir sind der Meinung, daß eine preußische Landesvertretung nicht Kriegszahlmeister ist, und daß sie auch im Lande nicht so angesehen wird [1])".

In den folgenden Jahren verschwindet das Problem der Zuständigkeit völlig aus den Erörterungen der Kammer. Erst im Jahre 1860 taucht es kurz wieder auf, und zwar zunächst am 1. März bei der Verhandlung über jene merkwürdige Petition von „383 Bewohnern der Stadt Breslau" betreffend die Regelung „der mittel-italienischen Fragen", bei der die Königliche Staatsregierung „eine solche Lösung befürworten möge, welche mit den ebenso einhellig wie nachdrücklich kundgegebenen Wünschen der italienischen Bevölkerung übereinstimme [2])." Die Kommission hatte Übergang zur Tagesordnung beantragt, und der Minister der auswärtigen Angelegenheiten, Freiherr von Schleinitz [3]), befürwortete diesen Antrag aufs dringendste, indem er erklärte, es würde „doch mindestens eine starke Anomalie sein, wenn eine Petition . . . die gewissermaßen gelegent-

[1]) Stenogr. Ber. 2. Kammer. 1854/55. 2, 569, 573, 577, 580. — Vgl. Poschinger: Denkwürdigkeiten des Ministerpräsidenten von Manteuffel. 3, 15—19.

[2]) Stenogr. Ber. Haus d. Abg. 1859/60. 3. Anl. S. 211.

[3]) Alexander Graf von Schleinitz, 1807—1885, dreimal: 20.—28. Juni 1848, Juli 1849 bis September 1850, November 1858 bis Juli 1861 Minister der auswärtigen Angelegenheiten.

liche und zufällige Veranlassung zu einer parlamentarischen Erörterung über wichtige und brennende Fragen der auswärtigen Politik werden sollte.“ Trotzdem kam es zu einer ausgedehnten Debatte, bei der der liberale Abgeordnete Kommerzienrat Behrend (Danzig) dagegen polemisierte, daß „jede Besprechung der äußeren Politik ein Eingriff in die Exekutive der Königlichen Staatsregierung sei. Diese Ansicht beruht auf einer Mißkenntnis desjenigen, was man die Exekutive der Königlichen Staatsregierung nennen muß. Die Beispiele anderer größerer Länder zeigen, daß eine solche Beschränkung in keiner Weise gerechtfertigt sei. . . Die Aufgabe der Volksvertretung eines Staates, welcher Mitglied der europäischen Völkerfamilie ist, wird immer die sein, ihr Wort einzulegen, wo es sich darum handelt, die Geschicke des großen Vaterlandes zu beraten, und diese Aufgabe kann nur die Einschränkung haben, daß ein Votum über schwebende Fragen vermieden werde, durch welches der Königlichen Staatsregierung Verlegenheiten bereitet werden könnten.“ [1]).

Noch einmal begegnet uns die Kompetenzfrage im Abgeordnetenhause am 3. Mai 1860 gelegentlich einer Diskussion über die schleswig-holsteinische Angelegenheit, die den Abgeordneten Kaplan von Berg (Cöln) zu folgender Stellungnahme veranlaßte: „es komme dem Hause der Abgeordneten ganz gewiß zu, seine Ansichten auszusprechen über die politischen Verhältnisse des Landes und über die notwendig damit im Zusammenhange stehenden des Auslandes. Es ist unstreitig unser Recht, nicht blos in Beziehung auf bestimmte Fragen unsere Meinung zu äußern, sondern auch in Beziehung auf alles das, was mit dieser Frage in Verbindung steht; nicht Politik zu treiben von heute auf morgen, sondern eine Politik, die ein einiges Ziel unverrückt im Auge behält.“

Vorher hatte der Abgeordnete August Reichensperger

---

[1]) Stenogr. Ber. H. d. A. 1859/60. 1, 348, 350, 351.

in derselben Sitzung das traditionelle Verhältnis der preußischen Landesvertretung zur auswärtigen Politik mit wenigen Strichen dahin gekennzeichnet, „daß es nicht in der Gewohnheit dieses Hauses liegt, die auswärtige Politik ex professo vor sein Forum zu ziehen. Ob es dazu nach allen Richtungen hin berechtigt wäre, will ich hier dahingestellt sein lassen, jedenfalls aber fehlte uns dazu schon das benötigte Material. Wir erhalten unsererseits keine Blaubücher, die wir den fremden zur Vergleichung gegenüber stellen könnten. Deswegen sind wir denn auch sehr oft in der Lage gewesen, ohneweiteres über neuere und neueste Begebnisse unbarmherzig den Stab brechen zu sehen, die vielleicht bei genauerer Kenntnis der Tatsachen sich lediglich als traurige Notwendigkeiten herausstellen würden [1]."

Diese negativen Feststellungen Reichenspergers charakterisieren gewissermaßen abschließend den Zeitabschnitt von 1850 bis zum Anfang der 60er Jahre.

Es gilt nunmehr zu prüfen, wie die weitere Entwicklung verlief, nachdem im September 1862 der Gestalter deutschen Schicksals auf dem Plan erschienen war [2].

B. Bismarck.

Vergegenwärtigen wir uns, daß Blaubücher hauptsächlich in parlamentarisch regierten Staaten eine Rolle spielen, daß sie sozusagen einen Bestandteil des parlamentarischen Systems bilden, und ferner, daß durch sie die auswärtige Politik immer wieder in das Parlament hineingetragen und dieses dadurch zu einer Art Kontrolle über die auswärtigen Angelegenheiten aufgefordert wird, so ergibt sich, daß eine Betrachtung von Bismarcks Stellung zur Blaubuchfrage auszugehen hat von seinem Verhältnis zum Parlamentaris-

---

[1] Stenogr. Ber. H. d. A. 1859/60. 2, 961, 962.

[2] Bismarcks Berufung erfolgte am 23. September 1862, die endgültige Ernennung zum Präsidenten des Staatsministeriums und zum Minister der auswärtigen Angelegenheiten am 8. Oktober.

mus. Seine Gegnerschaft gegen das System der Parlamentsherrschaft ist bekannt und hier nicht näher zu beleuchten [1]). Wohl aber ist es lehrreich, einige der Gründe dieser Gegnerschaft aufzuzeigen, soweit sie den Umkreis der auswärtigen Politik berühren. Die Linie dieser Gründe führt dann von selbst zu Bismarcks im allgemeinen ablehnendem Standpunkt gegenüber den Blaubüchern, eine Abneigung, die freilich, wie sich zeigen wird, durch eine Reihe persönlicher

[1]) Vgl. z. B. Bismarcks Äußerungen am 22. September 1862 gelegentlich seiner Unterredung mit dem König im Park von Babelsberg: „Es gelang mir, ihn zu überzeugen, daß es sich für ihn nicht um Konservativ oder Liberal in dieser oder jener Schattierung, sondern um Königliches Regiment oder Parlamentsherrschaft handle und daß die letztre unbedingt und auch durch eine Periode der Diktatur abzuwenden sei." (Ged. u. Er. Neue Ausg. 1913. 1, 306.) – In der großen Rede, mit der Bismarck bei der Adreß-Debatte am 27. Januar 1863 für die Rechte der Krone eintrat, bezeichnete er „die praktische Bedeutung" der Adresse mit kurzen Worten dahin: „Durch diese Adresse werden dem Königlichen Hause der Hohenzollern seine verfassungsmäßigen Regierungsrechte abgefordert, um sie der Majorität dieses Hauses zu übertragen." Die Rede schloß mit dem berühmten Satze: „Das preußische Königtum hat seine Mission noch nicht erfüllt, es ist noch nicht reif dazu, einen rein ornamentalen Schmuck Ihres Verfassungsgebäudes zu bilden, noch nicht reif, als ein toter Maschinenteil dem Mechanismus des parlamentarischen Regiments eingefügt zu werden " (Bi 2, 79, 86.) – Wichtig ist auch die Rede zum Anleihegesetz vom 22. Januar 1864 mit ihrer scharfen Stellungnahme gegen das „Streben des Abgeordnetenhauses nach Machterweiterung". „Sie setzen sich ein, als den diplomatischen Hof-Kriegsrat, von dessen Zustimmung die Aktion der Krone abhängt, dessen Genehmigung die Regierung selbst für die einzelnen Maßregeln in jedem gegebenen Falle notwendig bedarf, wenn sie handeln will." (Bi 2, 269 – 271.) – Im Reichstag äußerte Bismarck am 15. März 1884: „Ich bin in keiner Weise für eine absolutistische Regierung, ich halte eine richtig geübte parlamentarische Mitwirkung für ebenso notwendig und nützlich, wie ich eine parlamentarische Herrschaft für schädlich und unmöglich halte." (Bi 10, 46.) – Der Abgeordnete Hänel sagte am 10. Juli 1879 von Bismarck: „Er hat auch keine Faser eines parlamentarischen Staatsmannes." (RB 1879, 3, 2249.) — Vgl. Wilhelm Schüssler: Bismarck. Leipzig 1925, S. 109. ff.

Erfahrungen auf diesem Gebiet noch wesentlich verstärkt wurde.

In der Rede, die Bismarcks Freund Wagener[1]) am 2. Dezember 1863 im Abgeordnetenhause hielt, stehen die Worte: „Die auswärtige Politik ist verfassungsmäßig eine unbedingte Prärogative der Krone. . . Was sollte wohl aus unserer preußischen Politik werden, wenn dies Haus den Grundsatz adoptierte, sobald eine Frage der auswärtigen Politik auftaucht, sofort durch irgendeine beliebige Resolution der Regierung ihren Weg und ihre Bedingungen vorschreiben zu wollen." [2]) So dachte auch Bismarck und mit aller Macht stemmte er sich in der Konfliktszeit gegen den wiederholten Versuch des Abgeordnetenhauses, „durch weitgreifende Verhandlungen über die auswärtige Politik die Wirksamkeit der Regierung Sr. Majestät zu lähmen", und gegen das Bestreben, „die auswärtige Politik der Regierung einem verfassungswidrigen Zwange zu unterwerfen [3])."

Doch nicht nur verfassungsrechtliche, auch mehr äußerliche, technische Gründe bestimmten ihn, jede aktive Beteiligung des Parlaments an der auswärtigen Politik zu verurteilen. Immer hielt er daran fest, daß es Sache der Exekutive sei, den Weg der auswärtigen Politik richtig zu wählen und ihn überhaupt zu wählen. „Soweit es in menschlichen Dingen überhaupt möglich ist, richtig in die Zukunft zu sehen, kann dies eben nur die Regierung, weil die Regierung nach Lage der Geschäfte mit diesen Dingen vertrauter sein muß als Sie. Eine Versammlung von 350 Mitgliedern kann heutzutage die Politik einer Großmacht nicht in letzter Instanz dirigieren wollen, indem sie der Regierung ein Programm vorschreibt, welches in allen Stadien der ferneren

---

[1]) Hermann Wagener, 1815—1889. ADB 40, 471 ff. — Arnim und Below: Deutscher Aufstieg, 169 ff.

[2]) Stenogr. Ber. H. d. A. 1863/64. 1, 238.

[3]) Vgl. die bei den Schlußsitzungen des Landtags am 27. Mai 1863 und 25. Januar 1864 von dem Ministerpräsidenten verlesenen Reden. Bi 2, 193, 287.

Entwicklung der Sache befolgt werden solle — das ist nicht möglich" [1]). Überdies war Bismarck der Ansicht, daß die Abgeordneten in die Technik diplomatischer Geschäfte nur wenig eingeweiht wären. Sonst würden sie die Regierung „nicht einmal dadurch drängen, daß sie Äußerungen aussprächen, durch welche sie das Ministerium in die Verlegenheit setzten, entweder durch Stillschweigen die Richtigkeit anscheinend zuzugeben oder in Widerlegung Meinungen zu äußern, die aus politischen Gründen besser unausgesprochen blieben [2])." Auch dieses Gefühl von der mangelnden Einsicht der Abgeordneten gegenüber der eigenen absoluten Überlegenheit in der Handhabung und meisterhaften Beherrschung diplomatischer Methoden hat zweifellos neben allem anderen nicht selten dazu beigetragen, daß Bismarck einer Beteiligung des Parlaments an der auswärtigen Politik so hartnäckig widerstrebte.

Ein besonderer Grund, mit außenpolitischen Mitteilungen an das Abgeordnetenhaus äußerst sparsam zu sein, lag für Bismarck ferner in der Tatsache, daß solche Mitteilungen öfters sofort als Material zu Angriffen gegen die Regierung benutzt wurden und zwar „im Wege einer Kritik, die er eine ausschließlich sachliche und wohlwollende nicht nennen könne." „Sobald Sie uns", versicherte er den Abgeordneten, „die Überzeugung gewähren, daß Sie diejenigen sachlichen Mitteilungen, die wir Ihnen über amtliche, schwebende und wichtige Dinge machen, benutzen wollen, um in gemeinschaftlichen Verhandlungen die Interessen des Landes im Auge zu behalten, so werden wir freigebiger mit solchen Mitteilungen sein." Aber er selbst glaubte nicht daran, daß es dazu kommen würde, da er „eine unparteiische und sachliche Beurteilung" ja doch nicht erwarten dürfe [3]). Mit umso größerer Genugtuung erfüllte es den Ministerpräsidenten,

---

[1]) Preuß. Landtag. 18. Dezember 1863. Bi 2, 227/28.
[2]) Ebenda. 1. Juni 1865. Bi 2, 354.
[3]) Preuß. Landtag. 28. Februar 1863. Bi 2, 138, 141.

wenn das Herrenhaus die auswärtigen Angelegenheiten mit starker Zurückhaltung behandelte. Er zögerte dann nicht diese Haltung ausdrücklich anzuerkennen, so am 24. Januar 1865 bei der Adreß-Debatte mit den Worten: „Besonders dankbar bin ich den Herren Antragstellern für die schonende Weise, mit welcher sie die auswärtige Politik berührt haben. Jeder praktische Geschäftsmann kennt die Bedenken, welche den Veröffentlichungen über schwebende Verhandlungen entgegenstehen, Veröffentlichungen, welche entweder das eigene Ziel voreilig und ohne Zustimmung des anderen Teils festlegen oder ein falsches Licht auf dieses Ziel in den Augen der anderen verhandelnden Macht werfen [1]."

Verschwiegenheit hielt Bismarck für eine unerläßliche Vorbedingung jedes außenpolitischen Erfolges, vorzeitige Preisgabe diplomatischer Geheimnisse stets für verhängnisvoll. Auch dieses Prinzip gehört zu den Motiven, die ihn veranlaßten, der Volksvertretung Einblicke in das Getriebe der auswärtigen Politik nach Möglichkeit zu versagen. Sehr aufschlußreich ist hierfür die Antwort, die er am 17. Dezember 1868 dem Abgeordneten Löwe [2]) erteilte, nachdem dieser eine Interpellation über die Erneuerung „der gegenwärtig mit Rußland bestehenden Kartell-Konvention von 1857" eingebracht hatte. Bismarck erklärte sich für außerstande, auf die Interpellation einzugehen, und fuhr dann fort: „Daß die Interpellation überhaupt gestellt werden konnte, ist mir ein Beweis von dem großen Unterschied, der zwischen der Auffassung der Herren Interpellanten über die Pflichten und Aufgaben des auswärtigen Dienstes dieses Landes herrschen muß und zwischen den meinigen. Denn ich kann nicht annehmen, daß mir die Herren mit vollem Bewußtsein eine, ich könnte fast sagen strafbare Hand-

---

1) Bi 2, 304.

2) Wilhelm Löwe, 1814—1886. Vgl. G. Hirth: Deutscher Parlaments-Almanach. 13. Ausg. 1878, S. 184/85. — Wentzcke: Deutscher Liberalismus. 2, 475.

lung zumuten. Ich würde es als eine solche ansehen müssen, wenn die Intentionen der Königlichen Regierung über den fraglichen Fall bereits feststånden, und ein Beamter des auswärtigen Ministeriums, dem sie bekannt geworden wären, erlaubte sich, sie zu verraten oder gar zu veröffentlichen. Ich würde ohne Zweifel genötigt sein, gegen einen solchen Beamten im Wege des Disziplinarverfahrens vorzugehen, oder vielmehr sogar die Gerichte gegen ihn anzurufen: nichtsdestoweniger mutet mir die Interpellation etwas Ähnliches zu, mir, dem Chef des auswärtigen Dienstes, der vor allen Dingen darauf zu sehen hat, daß aus dessen Handhabung und aus der Verletzung der — nicht bloß Amtsverschwiegenheit, sondern der im politischen Interesse des Landes gebotenen Verschwiegenheit keine Schädigung der Interessen des Landes entstehe, und verlangt, daß ich über bevorstehende Verhandlungen mit auswärtigen Mächten mich mit voller Öffentlichkeit hier erklären soll. Ich kann bei den Herren Interpellanten in ihrer Gesamtheit nicht annehmen, daß sie mit der Stellung einer solchen Frage indirekt entweder meiner Einsicht oder meiner Pflichttreue ein Mißtrauensvotum haben geben wollen, indem sie mir eine, wie ich glaube, strafbare Pflichtwidrigkeit zumuteten; ich schiebe vielmehr die Schuld des ganzen Mißverständnisses, durch welches eine solche Interpellation hervorgerufen sein kann, lediglich auf die allerdings sehr große und weite Verschiedenheit unserer Auffassung über die Möglichkeiten, die Pflichten und die Obliegenheiten des auswärtigen Dienstes. Ich muß es im Prinzip ein für allemal — die Ausnahmefälle können nur sehr selten sein — ablehnen, über schwebende Verhandlungen mit auswärtigen Mächten, über bevorstehende Verhandlungen mit äuswärtigen Mächten öffentlich Auskunft zu geben; denn es liegt ja auf der Hand, daß, wenn man vorher und in verpflichtender Weise die Stellung der Königlichen Regierung zu den zu verhandelnden Fragen festgelegt hat, von eigentlichen Unterhandlungen in dem einen oder dem anderen Sinne, von irgendeiner Verwertung der Sache für das Interesse des Landes nicht mehr die Rede sein kann [1])."

So ergaben sich für Bismarck aus dem festen Willen, dem Parlamentarismus und Parteiegoismus in keiner Weise Vorschub zu leisten, eine ganze Reihe von schwerwiegenden Gründen, die ihn davon abhielten, „diplomatische Geschäfte im Parlament zu verhandeln [2])." In alledem wurzelt zunächst auch seine grundsätzliche Abneigung gegen die Blaubücher, deren Sinn und Eigenart ja gerade darin liegt, daß sie dem Parlament den Zusammenhang „diplomatischer Geschäfte" vermitteln und offenlegen sollen.

Zur Blaubuchfrage selbst hat sich Bismarck in seinen parlamentarischen Reden nur einmal geäußert und dabei dargelegt, weshalb er „kein Anhänger der Blaubücher" sei. Die Gelegenheit bot sich, als am 22. April 1869 im Reichstag des Norddeutschen Bundes bei dem Etat des Ministeriums der auswärtigen Angelegenheiten der Abgeordnete Twesten [3]) angeregt hatte, der Bundeskanzler möge künftig

---

[1]) Bi 4, 75/76. Ähnlich äußerte sich Bismarck im Deutschen Reichstag am 26. Juni 1884: „Sie können von einem Auswärtigen Minister überhaupt nicht verlangen — es wird das in keinem Lande der Welt verlangt —, daß er über alle schwebenden Verhandlungen mit Ihnen cartes sur table spielt und Ihnen die innersten Winkel seines Herzens, alle seine Pläne hier offen darlegt." (Bi 10, 190.)

[2]) Bismarck an Radowitz, 15. März 1885: „. . . so wenig Neigung ich sonst auch habe, diplomatische Geschäfte im Parlament zu verhandeln." (GrP 4, S. 107, Nr. 761.)

[3]) Karl Twesten, 1820—1870. Vgl. ADB 39, 34 ff. — Wentzcke: Deutscher Liberalismus. 1, 8; 2, 489. — Reichstag des Norddeutschen Bundes. Stenogr. Ber. 1869, 1, 506. — Schon in seiner 1861 erschienenen Broschüre „Was uns noch retten kann. Ein Wort ohne Umschweife" hatte Twesten darauf hingewiesen, daß eine Beurteilung der auswärtigen Politik ohne diplomatische Informationen unmöglich sei. „Wir erkennen vollkommen an", heißt es an der betreffenden Stelle (S. 52), „daß namentlich in den Angelegenheiten der auswärtigen Politik der berufene Satz vom beschränkten Untertanenverstande einige Berechtigung hat. Nicht daß wir an sich unseren Verstand gegen den Durchschnittsverstand der Diplomaten zurückstellten, aber wem nicht die genauere diplomatische Information zu Gebote

dem Reichstage „Blaubücher" vorlegen. Beide Reden, sowohl die des Abgeordneten Twesten wie die Antwort Bismarcks sind von so grundlegender Bedeutung, daß sie hier im Wortlaut folgen mögen, zunächst die Rede Twestens.

„Bei dem Übergang des auswärtigen Ministeriums auf den Bund möchte ich dem Herrn Bundeskanzler empfehlen, nunmehr auch der Sitte fast aller anderen europäischen Länder zu folgen und uns künftig eine Darlegung der auswärtigen Politik, mit Beifügung der wesentlichen und zur Publikation geeignet scheinenden Aktenstücke zugehen zu lassen (Heiterkeit), welche unter dem Namen Blaubücher in England und neuerdings in den verschiedensten Regenbogenfarben in allen andern Ländern bis zur Türkei hin üblich geworden sind. Meine Herren, einmal meine ich, daß eine Darlegung der wesentlichsten Gesichtspunkte der auswärtigen Politik unumgänglich notwendig wird, je mehr das parlamentarische Wesen in alle Verhältnisse eindringt und auch von denen, welche es für gewisse Angelegenheiten auszuschließen wünschen, nicht mehr ausgeschlossen werden kann. Ich glaube, wenn wir beträchtliche Summen direkt und indirekt für die auswärtige Politik bewilligen, so ist es für das Volk und seine Vertreter ein gerechtfertigter Wunsch, auch in authentischer Darlegung die wesentlichen Gesichtspunkte dieser Politik kennen zu lernen."

„Das ist meines Erachtens aber keineswegs der einzige oder nur hauptsächlichste Gesichtspunkt. Ich traf kürzlich in einer Depesche des russischen Ministers der auswärtigen Angelegenheiten einen Passus, welcher ungefähr dahin ging, daß die auswärtige Politik mehr und mehr nicht mehr eine Politik der Kabinette sei, sondern daß in ihr die Stimmung

---

steht, der befindet sich nicht im Besitze des vollständigen Materials; er kann nicht die persönlichen und sachlichen Nebenumstände, nicht alle in Betracht kommenden Beziehungen, nicht die unvermeidlichen Rücksichten und Hemmnisse würdigen, welche seinen Plänen entgegenstehen mögen, nicht die kleinen Ursachen, welche große Wirkungen haben können."

der Völker, ihre Hinneigungen und Abneigungen ein wesentlicher Faktor der auswärtigen Politik werden. Man mag diesen Satz in einer russischen Depesche für eine Phrase halten, so wird man doch nicht verkennen können, daß dieser Gesichtspunkt bis zu einem gewissen Grade von allen auswärtigen Ministerien beobachtet und wenigstens dann geltend gemacht wird, wenn ihnen eine Berufung auf die öffentliche Meinung des eigenen Landes nützlich und geraten scheint. Meine Herren, wenn fast alle anderen Staaten diese Sitte beobachten, so meine ich, ist es durchaus schädlich für die preußische oder für die Bundespolitik hierin nicht dem Beispiel der übrigen Staaten zu folgen. Ich meine, es ist ein Nachteil, ein Schatten, welcher dadurch häufig auf die deutsche Politik gegenüber der Politik der anderen Staaten fällt. Jeder auswärtige Minister legt selbstverständlich die Gesichtspunkte seiner Politik in der Weise dar, wie es seinen Intentionen entspricht und wie sie daher häufig die Politik der anderen Staaten in einem weniger günstigen Licht erscheinen läßt, und gruppiert auch die Aktenstücke, ganz abgesehen davon, daß manche Aktenstücke nur geschrieben werden, um publiziert zu werden, nach diesen Gesichtspunkten. Ich glaube, es ist ein wesentlicher Vorteil, welchen zuweilen die Regierungen Frankreichs und Österreichs mindestens für den Augenblick in der öffentlichen Meinung selbst unseres Inlandes, selbst Deutschlands davontragen, daß ihre Politik in der bestmöglichsten Weise vertreten und zur Kenntnis des Publikums gebracht wird, während die deutsche Regierung dem gegenüber Stillschweigen beobachtet. Die Darlegungen der Minister und parlamentarische Verhandlungen über solche Darlegungen haben denn doch eine andere Autorität und finden eine andere Verbreitung im In- und Auslande, als gelegentliche Artikel offiziöser Blätter und anderer Blätter unseres Staates sie erhalten. Gegen diesen Nachteil betrachte ich es als ein dringendes Interesse unserer Bundespolitik in ähnlicher Weise dargelegt zu werden."

„Meine Herren, wie groß der Einfluß der Darlegung von der einen Seite und des Schweigens von der anderen zuweilen ist, dafür meine ich, auf zwei Beispiele hinweisen zu können. Als die Luxemburger Angelegenheit zu einer brennenden Frage wurde, erreichten die fortwährenden Darstellungen der holländischen Regierung und der französischen Regierung es, daß allmählich in den Niederlanden die ganze öffentliche Meinung und selbst einsichtige Männer, die sonst der Gemeinschaft mit Deutschland keineswegs abgeneigt waren, unerschütterlich die Ansicht hatten, wir gingen darauf hinaus, Holland zu annektieren. Dies war offenbar eine rein tendenziöse Darstellung, um die öffentliche Meinung gegen uns zu gewinnen und Frankreich geneigt zu machen und ich glaube, der Erfolg dieser Darstellung ist wesentlich dadurch erleichtert worden, daß die deutsche Presse nicht aufmerksam genug auf diese Agitationen war, und daß sie nirgends authentische Darlegungen unserer Politik hatte, um den tendenziösen Agitationen entgegentreten zu können. — Eine ähnliche Beobachtung habe ich, namentlich in den letzten Monaten, an der ungarischen Presse gemacht. In den Aktenstücken des Grafen Beust und in den der Beustschen Politik dienenden Blättern, in Deutsch-Österreich sowohl wie in Ungarn und von ihnen angesteckt, in den ungarischen Blättern überhaupt, selbst in denen, die sonst eine Hinneigung Ungarns zur deutschen Politik warm befürworteten, in allen diesen Blättern begegnete man beständig der Darstellung, als agitiere Preußen in Rumänien und in den von Rumänen bewohnten Teilen der ungarischen Länder, um die Rumänen gegen die Ungarn aufzuhetzen. Diese Annahme hat in Ungarn so viel Eingang gefunden, daß in der Tat ein ernstlicher Umschwung in der öffentlichen Meinung gegen uns entstand. Ich weiß allerdings, daß in der letzten Zeit diesen Umtrieben auch dort energisch entgegengetreten worden ist und daß die Agitation gegen Deutschland in Ungarn wieder ihren Boden zu verlieren anfängt. Ich glaube aber auch auf dieses Beispiel hinweisen zu müssen, zum Beweise, wie gefährlich es unter Umständen sein kann, wenn der Politik anderer Staaten ein solcher Vorsprung in der öffentlichen Meinung gegönnt wird."

„Nun, meine Herren, an Darlegungen der auswärtigen Politik und an Mitteilungen diplomatischer Aktenstücke pflegen sich allerdings in den Parlamenten gelegentliche Diskussionen über die auswärtige Politik anzuknüpfen; ich glaube aber darauf hinweisen zu dürfen, daß wir nicht bloß in diesem Hause, sondern in den deutschen Parlamenten überhaupt bisher eine sehr große Diskretion in den Verhandlungen über auswärtige Politik beobachtet haben, eine sehr große Diskretion, wenn man sie mit den englischen, nordamerikanischen oder französischen parlamentarischen Versammlungen vergleicht und ich glaube auch, meine Herren, so wenig es angemessen ist, der auswärtigen Politik zu oft und zu leicht mit parlamentarischen Resolutionen in den Weg zu kommen, so wenig nachteilig ist es, wenn von einzelnen in parlamentarischen Versammlungen auch Ansichten ausgesprochen werden, die mit der Politik der Regierung nicht gerade in Harmonie stehen. Solche einzelne Äußerungen sind nicht gefährlich, um die Verhältnisse zu andern Staaten zu schädigen oder zu verderben. Die Verhandlung der auswärtigen Angelegenheiten in Parlamenten läßt sich aber unmöglich vermeiden, sie wird zur dringenden Notwendigkeit, sobald wirklich brennende Fragen auftauchen, und da, meine ich, ist es unzweifelhaft nach allen Richtungen hin, für die Parlamente und für die Regierungen, nur wünschenswert, daß, wenn solche Verhandlungen stattfinden, sie mit möglichst genauer Kenntnis der tatsächlichen Verhältnisse stattfinden; und dazu wird nichts besser dienen, als eine authentische aktenmäßige Darlegung der auswärtigen Politik gerade durch die Regierung selbst. Ich enthalte mich durchaus, einen Antrag auf derartige Vorlegung für die Zukunft zu stellen, möchte aber jetzt, da wir zum erstenmal das auswärtige Ministerium in unserm Etat zu betrachten haben, diesen Gesichtspunkt dem Herrn Bundeskanzler empfehlen."

Darauf antwortete der Bundeskanzler Graf Bismarck mit folgenden Ausführungen[1]: „Ich erlaube mir zunächst, einige Worte über den letzten Teil der Äußerungen des Herrn Vorredners. Der Herr Vorredner hat damit den Bundesregierungen eine ziemlich schwierige Aufgabe zugemutet, eine Aufgabe mehr parlamentarischer als diplomatischer Natur. Wenn manche andere Regierungen die Gewohnheit haben, eine gewisse Anzahl, gewöhnlich einen sehr geringen Teil der Aktenstücke, welche durch ihre Bureaus gehen, zu publizieren, so werden sie dazu, meiner Überzeugung nach, wesentlich durch ein parlamentarisches Bedürfnis geleitet: in England, in Frankreich, in Italien, in Österreich; — was die Kaiserlich Türkische Regierung veranlaßt hat, dieses mir zufällig gerade vorliegende Rote Buch[2]) zusammenzustellen (Heiterkeit), habe ich noch nicht ersehen; es ist mir heute zugegangen. Es wird dort also jedenfalls auch eine Ausnahme von der von mir eben behaupteten Regel stattfinden, daß bloß ein parlamentarisches Bedürfnis vorwalte. (Heiterkeit.)

[1]) Bi 4, 196–201. Vgl. Friedrich Thudichum: Die Leitung der auswärtigen Politik des Reichs. (Holtzendorffs Jahrbuch f. Gesetzgebung, Verwaltung u. Rechtspflege d. Deutschen Reichs. 4. 1876, 333–337.) – Ludwig Bendix: Amtliche Veröffentlichungen über auswärtige Angelegenheiten (Blaubücher), Parlamentskontrolle und das Staatswohl. (Schmollers Jahrbuch 30, H. 4, 1906, 131 ff.) Auf S. 133 (Fußnote 1) bemerkt Bendix mit Bezug auf die Reden von Twesten und Bismarck: „Das Problem ist, wenn meine eingehenden Nachforschungen nicht trügen, im deutschen Reichstage nicht mehr zur Sprache gekommen." Das trifft nicht zu. Das Thema ist auch später wiederholt im Reichstage behandelt worden. Siehe S. 67 ff.

[2]) Der Titel des Rotbuchs lautet: Sublime Porte. Ministère des affaires étrangères. Documents diplomatiques. Constantinople. Imprimerie Centrale. 1869. Das Buch war an demselben Tage, an dem Bismarck es in seiner Rede erwähnte, im Auswärtigen Amt eingegangen. Auf dem Titelblatt steht von Bismarcks Hand mit Bleistift geschrieben: „nur retrospektiv". Das Exemplar befindet sich in der Bibliothek des Auswärtigen Amts.

Im übrigen aber kann ich den deutschen Parlamenten, und insbesondere dem Reichstage nur Dank sagen, daß sie bisher eine ähnliche Leistung von ihren Regierungen nicht gefordert haben. Sie würden uns das Geschäft und sich selbst, glaube ich, das Budget erschweren, wir würden eine solche doppelte Buchführung, wie sie dazu erforderlich werden würde, kaum leisten können, ohne unsere Arbeitskräfte zu vermehren. Ich würde genötigt sein, über denselben Gegenstand zweierlei Depeschen zu schreiben, einmal solche, die wirklich in der Diplomatie ihre praktische Geltung haben sollen, und dann solche, die ich beabsichtige zu veröffentlichen (Heiterkeit), und es wäre das nicht bloß eine ausnahmsweise Vorliebe für Heimlichkeiten von meiner Seite, sondern es geschieht dies ohne Zweifel überall. Ich würde sogar noch weiter gehen müssen; ich würde manche Depeschen für die Öffentlichkeit zu schreiben haben, die ich sonst gar nicht geschrieben haben würde, weil ich sie für das eigentliche Geschäft für überflüssig hielte. Ich würde dies namentlich dann tun müssen, wenn ich mich durch Herstellung und parlamentarische Veröffentlichung amtlicher Aktenstücke, sei es mit der Presse überhaupt, sei es mit anderen Regierungen, die diese Aufgabe für die ihrige halten, auf einen Wetteifer in agitatorischer Preßtätigkeit einlassen wollte. Ich habe, wie Ihnen allen bekannt sein wird, starke Aufforderung dazu gehabt, und ich will nicht sagen, aus welchen Gründen ich es verschmäht habe, mich auf solchen Wettlauf einzulassen. Ich glaube auch nicht, daß die Regierungen, die nach dieser Seite hin das parlamentarische Auditorium und das diplomatische Handwerkszeug mißbrauchen als Sprachrohr, um Dinge zu veröffentlichen, zu denen man sonst die uneingestandene Presse benutzt, daß die schwerlich sehr erbaut sein werden von den Erfolgen, die sie damit erreichen. Wenn Wirkungen erreicht werden, so verlieren sie sich sehr bald wieder. Es gibt Mittel, auch solche Irrtümer zu berichtigen, die in der authentischen Form auftreten. Eine üble Wirkung aber, die bleibt, ist das Mißtrauen der übrigen Regierungen. Eine Regierung, die in der Veröffentlichung im mindesten zu weit geht, läuft Gefahr, daß keine Regierung ihr mehr eine Mitteilung macht, die sie nicht ebensogut in ihrem Amtsblatte hätte sofort drucken können. Man wird deshalb solchen Regierungen gegenüber in einer Weise schweigsam, welche, weit entfernt, die guten Beziehungen zu beleben, die vorhandenen Keime des Vertrauens zu pflegen, sie vielmehr unwiderruflich erstickt. Wenn ich Gefahr laufe, daß dasjenige, was ich im Vertrauen auf ihre Diskretion einer Regierung mitteile, bei der ich gleichartige Interessen mit uns voraussetzen durfte, in die Öffentlichkeit mitgeteilt, vielleicht sogar entstellt und zu gewissen Zwecken zurechtgestutzt wird oder auch nur an fremde Kabinette geht, dann verbrenne ich mir bei einer solchen Regierung wohl einmal die Finger aber nicht öfter. Deshalb glaube ich, daß diese Sitte eine sehr beengende ist und für die guten Beziehungen der Völker untereinander einen nachteiligen Einfluß auf den diplomatischen Verkehr ausübt. Diese Sitte wird in England mit dem Takte gehandhabt, den eine lange Erfahrung eingibt. Nichts destoweniger sind mir aus meiner früheren diplomatischen Tätigkeit im Auslande manche Fälle in Erinnerung, wo Klagen darüber entstanden, daß die englische Regierung in ihrer traditionellen Diskretion dennoch weitergegangen war, als es den Regierungen genehm war, auf deren Mitteilungen sie Bezug nehmen mußten, wenn auch gewöhnlich nur in der Gestalt mündlicher Äußerungen der Agenten von Regierungen, da es bisher nicht üblich ist, Depeschen fremder Regierungen gegen deren Willen zu veröffentlichen, selbst die so erfahrene und taktvolle englische Regierung, sage ich, war Beschwerden in dieser Richtung ausgesetzt [1]). Daß die Kaiserlich Franzö-

[1]) Die in England bei der Zusammenstellung von Blaubüchern befolgte Methode beschrieb Lord Palmerston am 1. März 1848 in folgender Weise: „I may state that with regard to the correspondence generally of Governments, the practice is this — and, I may add, that

sische Regierung außerordentlich vorsichtig in ihren Veröffentlichungen ist, und dankenswerte Zurückhaltung übt, namentlich über brennende Fragen, die durch Veröffentlichung ein lebendigeres Kolorit gewinnen könnten, ist Ihnen allen bekannt, aber dies Verhalten, so dankenswert es für die auswärtigen Beziehungen ist, bringt wiederum im Innern den Nachteil, daß der parlamentarische Zweck, der damit verbunden ist, nicht so völlig erreicht wird, wie es bei einer weitergehenden Veröffentlichung der Fall sein würde. Inwieweit nun die Geheimhaltung, die diskrete Schonung des internationalen Vertrauens, dem Bedürfnisse, die Öffentlichkeit rechtzeitig aufzuklären über den politischen Gang der Regierung, geopfert werden darf, ist eine schwer zu entscheidende Frage. Sollten die Herren darauf bestehen, so will ich versuchen, für das nächste Jahr etwas Unschädliches zusammenzustellen. (Große Heiterkeit.) Aber ich schrecke vor der Arbeitslast einigermaßen zurück; denn es bedingt eine sehr genaue durch mich persönlich auszuübende Sichtung und Revision jeder einzelnen Depesche, ehe sie veröffentlicht werden kann."

---

practice I have invariably followed – the practice and the duty of a Government when diplomatic transactions occur which it is desirable that the House and the country should become acquainted with – the practice is, to lay before Parliament such portions of the diplomatic transactions that have taken place as will convey to Parliament a true and faithful knowledge of all the main and important circumstances that occurred. But it is not the duty of the Government – but, on the contrary, it would be a breach of that duty if it did so – to lay before Parliament such portions of that correspondence as contained mere opinions and confidential communications made by the Foreign Minister to our agents abroad concerning other matters, and the publication of which would be injurious to the public service, and would have the effect of defeating the object which Parliament and the Government ought to have in view." (Hansard's Parliamentary Debates. 3. Series. Vol. 97. 1848. Sp. 68.) Vgl. dagegen: Karl Marx, Palmerston. (Marx u. Engels, Gesammelte Schriften 1852 bis 1862. Bd. 1, 1917, S. 224 ff., besonders S. 227, 498.) – L. Bucher: Der Parlamentarismus wie er ist. 2. Aufl. Stuttgart 1881, S. 197.

„Der Herr Vorredner hat mit Recht bemerkt, daß es in brennenden Fragen von höchstem Werte ist, sich die Teilnahme der öffentlichen Meinung schnell in der Richtung, in der man ihrer bedarf, zu sichern. Nun, meine Herren, wenn Fragen erst brennend werden, glaube ich, geschieht das auch regelmäßig, selbst wenn das Parlament nicht versammelt ist. Ich erinnere Sie an die Zeit, wo brennendere Fragen vorlagen als jetzt, an die Jahre 1864 und 1866, an die Zeit des Frankfurter Fürstenkongresses. Da wurden die Depeschen Schlag auf Schlag täglich in den amtlichen Blättern veröffentlicht. Solche Momente werden jedesmal wieder eintreten, wenn brennende Fragen vorliegen, da nach der heutigen Situation Europas, nach dem heutigen Stande der Zivilisation es unmöglich ist, aus heimlichen, vielleicht später von der Geschichte zu erratenden Kabinettsgründen große politische und vielleicht sogar kriegerische Aktionen vorzunehmen. Man kann nur noch aus nationalen Gründen — aus Gründen, welche in dem Maße national sind, daß ihre zwingende Natur von der großen Mehrheit der Bevölkerung anerkannt wird, Krieg führen, wenigstens meiner Auffassung nach. Sie können daher, wenn wir anfangen Depeschen amtlich zu veröffentlichen, es fast immer als ein Symptom einer ziemlich ernsten Situation ansehen, welche anfängt zwischen uns und den Regierungen, an welche die Depesche gerichtet ist, sich zu entwickeln. Es ist der Ausdruck des Wunsches, daß das Publikum Kenntnis davon nehme wie die Sachen liegen, weil wir entschlossen sind, dieselben weiter zu verfolgen auf die Gefahr hin, daß wir der Beteiligung der öffentlichen Meinung in ihrer vollen Kraft bedürfen werden. Diese Regel ist natürlich keine allgemeine. Es gibt Depeschen, welche überhaupt keine Bedeutung haben. Aber wenn etwa empfindliche Depeschen anfangen in die Öffentlichkeit zu kommen, so ist das ein Symptom sehr ernster Art, wenn es zwischen ernsten Regierungen vorkommt. Ich bin, wie Sie aus dem Gesagten ersehen werden, kein Anhänger der Blaubücher, obwohl sie bei andern größeren Staaten angenommen sind. Ich wiederhole meine Überzeugung, daß sie angenommen sind hauptsächlich aus Bedürfnissen der inneren Politik und der Publizistik [1]). Aus letzteren ihr zu folgen, lehne ich ab; ich halte das nicht für politisch zweckmäßig. Es nutzt die Stellung und die Kraft der Überzeugung einer Regierung ab. Ob es dagegen nötig ist, uns dieses additionelle Geschäft, diese Schwierigkeit aufzulegen aus Gründen unserer inneren Politik, aus parlamentarischen, — ja, meine Herren, das hängt davon ab, ob die Diskretion, welche der Herr Vorredner mit Recht an unseren deutschen Parlamenten rühmt, noch weiter geübt wird in bezug auf zu schonende Fragen, oder ob Sie auf Veröffentlichungen bestehen. Es wäre mir lieber, Sie beständen nicht darauf; ist aber der Wunsch ein allgemeiner, so werden wir geben, was wir geben können, teils eine etwas frühere Publikation einer Zeitgeschichte von Daten, welche auf die augenblickliche Situation keinen verwirrenden Einfluß mehr üben können, teils solche Depeschen, welche geschrieben zu haben, wir für die Männer angesehen zu werden wünschen. Wenn Sie glauben in den fremden vorhandenen Publikationen wesentlich anderes zu bekommen, wenn Sie glauben, daß da das ganze Portefeuille des auswärtigen Ministeriums auf den Tisch gelegt und veröffentlicht wird — ja, meine Herren, da huldigen Sie einer Ansicht, die ich nach meinen aktenmäßigen Er-

[1]) Vgl. hierzu A. v. Brauer: Bismarcks Staatskunst auf dem Gebiete der auswärtigen Politik. (Neues Bismarck-Jahrbuch. Hrsg. v. Poschinger. Bd. 1. Wien 1911, S. 298 ff.) Unter 5 „Unterordnung der inneren Politik unter die äußere", bemerkt der Verfasser auf S. 321: „Darum gönnt er auch dem Parlamente, das sich naturgemäß nur von Rücksichten der inneren Politik leiten läßt, keinen Einfluß auf die auswärtige Politik. Wenn er diesem nicht einmal regelmäßige Mitteilungen nach Art der englischen Blaubücher machen will, so hat er dafür noch einen besonderen Grund. Er weiß, daß diese Blau-, Rot- und Gelbbücher zum großen Teil aus Phrasen und ad hoc zurechtgestutzten Briefen bestehen. Solchen Schwindel will der Feind der Phrase nicht mitmachen."

fahrungen nicht teilen kann, und Sie werden mir zugeben, daß ich mitunter imstande sein muß, mir ein Urteil darüber zu bilden, ob in den fremden Publikationen alles steht, was man über den Gegenstand sagen könnte, und ob der Eindruck, den sie machen, gerade derselbe ist, den ich und andre amtliche Stellen von den Tatsachen, als sie vorgingen, gehabt haben."

„Ein besonderer Antrag ist hier nicht gestellt. Ich wünsche nur zu konstatieren, daß, sobald die Befriedigung des ausgesprochenen Bedürfnisses ein wesentliches Element bilden sollte, um uns gegenseitig in einer friedlichen und zufriedenen Stimmung zu erhalten, ich versuchen will, ihm Rechnung zu tragen".

Ziehen wir kurz die Summe aus diesen beiden Reden, die im übrigen für sich selbst sprechen und keines Kommentars bedürfen, so ergibt sich mit aller Deutlichkeit folgendes. Trotz der verschiedenen Einzelgründe, die Twesten für und Bismarck gegen die Blaubücher anführt, — Mittelpunkt und treibende Kraft ist auf beiden Seiten das „parlamentarische Wesen", das nach Twesten immer mehr „in alle Verhältnisse eindringt" und daher das Verlangen nach den ihm anhaftenden Blaubüchern rechtfertigt, womit dann dem Parlament die Möglichkeit einer Kontrolle der auswärtigen Politik gegeben wird. Bismarck wieder bekämpft gerade deswegen die „sehr beengende Sitte" der Blaubücher, weil sie einer parlamentarischen Kontrolle der auswärtigen Politik den Weg bereiten und damit zu einer Machterweiterung des Parlaments beitragen, unter der die Autorität der Regierung erheblich leiden würde.

Das Rededuell Twesten-Bismarck haftete übrigens ziemlich lange in der Erinnerung des Reichstags. Wir werden sehen, wie man im Laufe der Jahre wiederholt darauf zurückgriff, um es als Beweismittel für und wider die Blaubuchfrage zu benutzen.

An jenem 22. April des Jahres 1869, an dem das Thema zum erstenmal im Reichstag behandelt wurde, ergriff nach dem Bundeskanzler zunächst der Abgeordnete Freiherr von Hoverbeck [1]) das Wort: „Er müsse gestehen, daß er den Herrn Bundeskanzler sehr gern des halben Versprechens, das er in diesem Augenblicke abgegeben habe, dem Reichstage im nächsten Jahre ein Blaubuch mit allerlei unschuldigen Depeschen zu übergeben, entbinde. Er seinerseits habe schon vor der Rede des Herrn Bundeskanzlers, in der er mit dankenswerter Offenheit den eigentlichen Wert solcher diplomatischen Veröffentlichungen dargelegt habe, ganz dasselbe Gefühl gehabt, das Gefühl, daß in diesen Veröffentlichungen nur das gesagt werde, was des Sagens nicht wert sei, daß man allerlei populäre Redensarten mache, und daß die Regierungen sich gegenseitig sehr gut verständen und diejenigen Depeschen, die künftig veröffentlicht werden sollten, von denen bestimmt zu trennen wüßten, die eigentlich den diplomatischen Verkehr vermitteln. Zu einer derartigen Veröffentlichung, die er mit einem allerdings etwas harten Ausdruck nur als Spiegelfechterei bezeichnen würde, wolle er wenigstens nicht den Anlaß geben".

Nach der etwas geringschätzigen Bemerkung des Abgeordneten Russell, daß „nach der gründlichen Belehrung, die sie in der hohen Politik soeben bekommen hätten, die Wünsche des Abgeordneten Twesten nach einem Blaubuch, oder richtiger gesagt, nach einem Schwarzweißrotbuch, wohl etwas abgekühlt sein dürften", trat der Abgeordnete Lasker [2]) für die Blaubücher ein. „Über die Frage, ob amtliche Depeschen dem Hause vorzulegen seien in einem sogenannten Blau-, Grün- oder Rotbuche, denke er keineswegs so gering wie der Abgeordnete von Hoverbeck oder der Abgeordnete Russell . . . Die Berichte mögen dem außenstehenden Publikum unwichtig scheinen; er selbst habe

[1]) Leopold Freiherr von Hoverbeck, 1822–1875, Mitbegründer der Fortschrittspartei. ADB 50, 483 ff. – Wentzcke: Deutscher Liberalismus. 2, 470.

[2]) Eduard Lasker, 1829–1884. ADB 19, 746 ff. – Wentzcke: Deutscher Liberalismus. 2, 473.

sich jedoch durch das Studium vieler solcher Bücher überzeugt, daß ganz erhebliche Dinge darin ständen, wenn auch nicht vollständig berichtet werde; es würde ja in der Tat sehr unvorsichtig sein, wenn die Regierungen bei dem halb geheimen Verfahren, ihrerseits ein halb öffentliches Verfahren auch in solchen Fällen anwenden würden, wo sie dies schädlich fänden". „Ich meine aber", fuhr Lasker fort, „die Richtung unserer auswärtigen Politik geht dahin, daß nach und nach — ich will nicht sagen in einer nächst schon ins Auge zu fassenden Zeit — die gesamte Politik öffentlich vor den Augen des Volkes geführt werden wird, und wenn man auch anfangs nur behutsam vorgeht, so muß doch auch die halbe Öffentlichkeit, selbst die spielweise Öffentlichkeit der wahren und ernsten vorangehen, und je früher wir den Anfang machen, desto eher werden wir zum Ziele kommen". „Indessen", so schloß er seine Ausführungen, „der Gegenstand ist für mich nicht dringend genug, um heut schon einen Antrag daran zu knüpfen, ich wollte nur die leichte, abfertigende Weise des Abgeordneten Russell zurückweisen, der gemeint hat, es wäre die wohldurchdachte Anregung des Herrn Twesten jetzt wohl schon ganz hinfällig geworden, und Herr Twesten würde sich wohl abgekühlt fühlen: — als ob wir von diesem Abgeordneten gewohnt gewesen wären, daß er leichtsinnige Worte hinwirft und auf einige geistvolle und zutreffende Bemerkungen nun sich in einen ganz anderen Zustand versetzt fühlt".

Der letzte, der damals zur Sache sprach, war der Abgeordnete Graf Bethusy-Huc [1]). Er erkannte an, „daß die auswärtige Politik dem Parlamente ein fremder Gegenstand nicht sei", und meinte, „die Volksvertretungen seien berufen, an dem großen Webstuhl der Zeit mitzuarbeiten nach zwei Richtungen hin: einmal indem sie mitarbeiten an der Aufstellung der großen Gesichtspunkte, nach welchen

[1]) Eduard Georg Graf von Bethusy-Huc, 1829—1893, Begründer der freikonservativen Partei (Reichspartei). Arnim u. Below: Deutscher Aufstieg. 209 ff.

Nationalpolitik getrieben werden muß, das andere Mal indem sie zu dem Zeitpunkte, wo die Aktion des Volks, seine Darbringung von Blut und Geld verlangt wird, ihre Zustimmung der leitenden Regierung geben und ja auch aus rechtlichen und verfassungsmäßigen Gründen geben müssen". Er habe auch „keine Besorgnis, daß dieses Recht und diese Pflicht der Mitarbeit an der großen und auswärtigen Politik dem Parlament verkümmert werden könnte. Die Mitarbeit aber, auf welche die Abgeordneten Twesten und Lasker ein so großes Gewicht gelegt hatten, sei doch nur von einem sehr untergeordneten Gewicht und würde das Gegenteil von dem erstrebten Zweck erreichen: aus den Gründen, die von dem Bundeskanzler genugsam vorgelegt seien, würde die Einführung von Blaubüchern die Kunst des Schweigens und des Verstellens nicht vermindern, sondern mit Notwendigkeit vermehren [1])".

Die übrigen Redner des Tages ließen das Thema unbeachtet. Die Sache verlief sozusagen im Sande, und die Anregung Twestens blieb, wie vorauszusehen war, einstweilen ohne praktische Folgen.

Am 24. April 1869 fand der erste parlamentarische Abend bei Bismarck statt. Er brachte einen Nachklang der Rede, die der Bundeskanzler vor zwei Tagen im Reichstag gehalten hatte. Hans Blum [2]), der sich damals unter den Gästen befand, hat „die diplomatische Vorlesung, die der Graf an diesem Abend zum besten gab", in einer lebendigen Schilderung festgehalten. Bismarck „behandelte das Thema der Blaubücher, das er zwei Tage zuvor, durch Twesten und Lasker veranlaßt, schon im Reichstage besprochen hatte". „Wenn Sie absolut ein Blaubuch bei mir bestellen, so werde

---

[1]) Reichstag d. Nordd. Bundes. Stenogr. Ber. 1869. 1, 508–511.

[2]) Hans Blum: Persönliche Erinnerungen an den Fürsten Bismarck. 2. Aufl. München 1900, S. 47/48. – Vgl. H. v. Poschinger: Fürst Bismarck und die Parlamentarier. Bd. 1. 2. Aufl. 1894, S. 32. – Bismarck: Die gesammelten Werke. Bd. 7. Gespräche. Bd. 1. 1924, S. 290/91.

ich versuchen, im nächsten Jahre etwas Unschädliches zusammenzustellen", hatte er dort unter großer Heiterkeit des Hauses erklärt. Jetzt erläuterte er an einem schlagenden Beispiel den trügerischen Wert dieser Depeschensammlungen.

„Da kommt z. B. Lord Loftus" (der englische Botschafter in Berlin), „zu mir und fragt mich, ob ich geneigt sei, einen Privatbrief seines Ministers, Lord Clarendon, anzuhören. Er liest mir nun ein kleines eigenhändiges Manuskript des edeln Lords vor, wir unterhalten uns ungefähr eine Stunde darüber und — nach fünf Tagen läßt er sich wieder melden. Diesmal hat er ein großes amtliches Schreiben des großbritannischen Auswärtigen Amtes bei sich. Er fängt an zu lesen.

„Bitte um Vergebung, Exzellenz", sage ich, „das haben Sie mir ja schon am Montag einmal vorgelesen".

„Ja, aber jetzt soll die Depesche ins Blaubuch". —

„Da soll ich Ihnen nun wohl auch noch einmal dieselbe Antwort für Ihr Blaubuch geben"?

„Gewiß, wenn Euer Exzellenz nichts dagegen haben, wird dies gar nicht zu umgehen sein".

„Na, da haben Sie die Antwort noch einmal".

„Und nun brauche ich noch einmal eine Stunde, nur um des Blaubuchs willen, und dabei muß ich sehr oft dem Engländer noch sagen: „Aber diese Stelle meiner Erklärung bringen Sie nicht in Ihr Blaubuch — z. B. die, daß ich das Blaubuch überhaupt für ein sehr zeitraubendes und überflüssiges Institut ansehe". —

Als überflüssiges Institut betrachtete Bismarck die Blaubücher auch deswegen, weil die durch sie hervorgerufene „Beteiligung der gesamten öffentlichen Meinung an der schwebenden diplomatischen Korrespondenz die einzelnen Phasen der diplomatischen Verhandlungen in vielfach verstärkter Wirkung auf die Stimmung der Völker gegeneinander überträgt".

Aus demselben Grunde hielt er den Notenverkehr zwischen den Kabinetten für unzweckmäßig und bevorzugte durchaus „die bewährte Tradition des internationalen Meinungsaustausches, vermöge deren wir mit allen übrigen auswärtigen Staaten auf dem Wege vertraulicher diplomatischer Verhandlungen und nicht auf dem der amtlichen Noten von Kabinett zu Kabinett verkehren“ [1]).

Bismarcks negatives Urteil über den Wert von Farbbüchern war nicht unwesentlich beeinflußt durch die geringe Meinung, die er insonderheit von den englischen Blaubüchern hegte. Sie beruhte teils auf einer ziemlich genauen Kenntnis ihrer Geschichte, teils auf unerfreulichen Erfahrungen, die er selbst mit den blue-books gemacht hatte. In den „Gedanken und Erinnerungen“ vergleicht Bismarck einmal den russischen mit dem englischen diplomatischen Dienst. Diese Betrachtung führt ihn auch auf die englischen Blaubücher, von denen er einige, die schon früher und zwar besonders gerade in England lebhaftes Aufsehen erregt hatten, durch eine kurze, aber scharfe Kritik heraushebt: „Das Blaubuch über Kars, die kastrierten Depeschen von Sir Alexander Burnes aus Afghanistan und die Mitteilungen der Minister über die Entstehung der Note, welche die Wiener Konferenz 1854 dem Sultan anstatt der Mentschikow'schen zur Unterzeichnung empfahl, sind Proben von der Leichtigkeit, mit welcher Parlament und Presse in England getäuscht werden können. Daß die Archive des Auswärtigen Amtes in London ängstlicher

---

[1]) Fürst Bismarck an den Botschafter in London Grafen Münster, 17. Februar 1885. — Vgl. auch die Reichstagsrede vom 2. März 1885 (Bi 11, 58/59): „Jede Nation und jede Regierung hat ja das Recht, die Geschäfte zu betreiben, wie sie es nützlich hält, und es ist ja gewiß, daß eine Auswärtige Politik, wenn sie in gedruckten und veröffentlichten Noten betrieben wird, unter Umständen auf das eigene Parlament einen tieferen, günstigeren Eindruck machen kann, als der mündliche, unbekannt bleibende Verkehr durch Diplomaten; aber man läuft dann unwillkürlich Gefahr, einigermaßen auch für den Eindruck im Parlament und nicht ausschließlich für den Eindruck auf die fremde Regierung und für den Frieden, das gute Einvernehmen mit ihr zu schreiben.“

als irgendwo gehütet werden, läßt vermuten, daß in ihnen noch manche ähnliche Probe zu entdecken sein würde"[1]).

Die genauere Kenntnis von diesen Dingen verdankte Bismarck seinem Mitarbeiter Lothar Bucher, der in dem achten, die auswärtige Politik behandelnden Kapitel seines Werkes „Der Parlamentarismus wie er ist"[2]) dieselben drei Fälle, das Kars-Blaubuch, das Afghanistan-Blaubuch und die sogenannte „Wiener Note" ausführlich beleuchtet. Ein weiterer Beweis dafür, daß Bismarck sich hier ganz an Bucher anschließt, liegt in folgendem. An der betreffenden Stelle der „Gedanken und Erinnerungen" schreibt Bismarck: „Lord Palmerston hat freilich am 4. April 1856 im Unterhause mit einer von der Masse der Mitglieder wahrscheinlich nicht verstandenen Ironie gesagt, die Auswahl der dem Parlamente vorzulegenden Schriftstücke über Kars habe große Sorgfalt und Aufmerksamkeit von Personen, die nicht eine untergeordnete, sondern eine hohe Stellung im Auswärtigen (Amte) einnähmen, erfordert". Dasselbe Zitat findet sich bei Bucher (Seite 266/67), der hinzufügt: „Diese hochgestellten Personen haben aber ihre Sache doch schlecht gemacht." Den englischen Text der Worte Palmerstons hat Bucher in seinem Handexemplar des Kars-Blaubuches nachgetragen[3]).

---

[1]) Kap. 28. Berliner Kongreß. Neue Ausg. 1913. 2, 248/49.

[2]) 2. Aufl. Stuttgart 1881. Vgl. S. 197–200, 266, Anm. 1.

[3]) Das Handexemplar Buchers befindet sich in der Bibliothek des Auswärtigen Amts. – Buchers Urteil über die englischen Blaubücher gründete sich auf eigene Beobachtungen und Studien, denen er sich während seiner Londoner Jahre mit leidenschaftlichem Eifer hingegeben hatte, entscheidend beeinflußt durch seine Bekanntschaft mit dem Schotten David Urquhart, Palmerstons zähestem Gegner, dem auch Karl Marx nahetrat, und durch den er ebenso wie Bucher „einen tieferen Einblick in den politischen und ökonomischen Mechanismus der internationalen Zusammenhänge gewann". Vgl. hierzu: Wilhelm Oncken, Ein ungedruckter Brief von Lothar Bucher aus dem Jahre 1866. (Deutsche Revue, Jg. 27, Bd. 2, 1902, S. 215 ff., besonders S. 218/19.) – Hermann Oncken, Historisch-politische Aufsätze und Reden. Bd. 2, S. 323 ff.: Marx und Engels, hier besonders

Von persönlichen Erfahrungen Bismarcks mit der englischen Blaubuch-Praxis, die nicht geeignet waren, sein Vertrauen zu dieser Institution zu vermehren, hören wir schon 1864 zur Zeit des deutsch-dänischen Krieges. Vertrauliche Gespräche, die Bismarck damals mit dem englischen Botschafter in Berlin, Sir Andrew Buchanan, geführt hatte,

---

S. 347/49 über Urquhart. – Carl Zaddach: Lothar Bucher bis zum Ende seines Londoner Exils (1817–1861). Heidelberg 1915. (Heidelberger Abhandlungen zur mittleren und neueren Geschichte. 47.) S. 107 ff.: In England.

Der Titel des Kars-Blaubuches lautet: „Papers relative to military affairs in Asiatic Turkey, and the defence and capitulation of Kars. 1856. London: Printed by Harrison and sons." (XII, 356 S.) 4°; auch in den sogenannten Eastern Papers: „Correspondence, papers, treaties, respecting the rights and privileges of the Latin and Greek Churches in Turkey; hostilities with Russia; military affairs in Asiatic Turkey; and re-establishment of peace. London 1856", S. 277 ff. – Über das Kars-Blaubuch vgl. noch: Karl Marx, The Eastern Question. A Reprint of Letters written 1853–1856 dealing with the events of the Crimean War. London 1897, S. 611 ff. – Marx und Engels: Gesammelte Schriften 1852 bis 1862. Hrsg. von N. Rjasanoff. Bd. 2. Stuttgart 1917, S. 370 ff., 538 ff. – Der Briefwechsel zwischen Friedrich Engels und Karl Marx 1844 bis 1883. Hrsg. von A. Bebel und Ed. Bernstein. Bd. 2. Stuttgart 1913, S. XIII/XIV, 103–115. – Poschinger: Ein Achtundvierziger. 2, 102. – Eine sehr wirkungsvolle Kritik der „Mystifikation" des Kars-Blaubuches enthält Buchers Aufsatz „Nur ein Märchen", zuerst gedruckt in der National-Zeitung 1861, Nr. 601 und 603, dann bei Poschinger: Ein Achtundvierziger 2, 217 ff. und in Buchers Kleinen Schriften politischen Inhalts. Stuttgart 1893, 1 ff.

Über das Afghanistan-Blaubuch („Correspondence relating to Affghanistan" 1839) vgl. Bucher: Parlamentarismus. 2. Aufl. S. 199/200. – Zaddach a. a. O. S. 125. – John William Kaye: History of the war in Afghanistan. New ed. Vol. 2. London 1857. S. 174. – Falsification of diplomatic documents. The Affghan Papers. Report and petition of the Newcastle Foreign Affairs Association. London: Effingham Wilson, Royal exchange 1860. – Hansard's Parliamentary Debates. Series 3. Vol. 162. 1861. Vol. 2. House of Commons. March 19, 1861. Sp. 37–96. – Eduard Fischel: Die Verfassung Englands. 2. Aufl. Berlin 1864, S. 441–444. – Louis Blanc: Lettres sur l'Angleterre. Sèrie 2. T. 1. Paris 1866, S 287–309.

waren auf dem Wege über die englische Regierung durch die von ihr herausgegebenen Blaubücher in mißverständlicher Fassung in die Öffentlichkeit gelangt. Bismarck fühlte sich dadurch so unangenehm berührt, daß er dem Legationssekretär Lowther, der ihn im Auftrage Buchanans über eine angebliche Beschießung Sonderburgs interpellierte, geradeheraus erklärte, „auf vertrauliche Erörterungen darüber könne er umso weniger sich einlassen, als die Publikationen des Blue Book es ihm überhaupt fast unmöglich machten, solche vertrauliche Erörterungen, wie er sie bisher vielfach mit Sir A. Buchanan gepflogen habe, noch fortzusetzen. Er könne sich dem nicht aussetzen, daß der Inhalt fast täglicher und oft sehr langer vertraulicher Besprechungen auf Grund einseitiger, von ihm nicht verifizierter und der Natur der Sache nach unvollständiger Berichte demnächst mit dem Charakter eines amtlichen Dokumentes vor die Öffentlichkeit träte". In dem Erlaß vom 7. April 1864, durch den Bismarck Vorstehendes dem Botschafter in London, Grafen Bernstorff, zur Kenntnis bringt, ersucht er diesen, seine gegen Herrn Lowther gemachten Äußerungen auch dem Grafen Russell[1]) zu wiederholen, und fährt dann fort: „Ich bitte Sie zugleich, dem letzteren gegenüber noch folgende Betrachtung daran zu knüpfen, deren Richtigkeit seine eigene diplomatische Erfahrung ihm gewiß bestätigen wird".

„Es ist für jeden Diplomaten eine bekannte Tatsache, daß Berichte über längere vertrauliche Expektorationen, auch bei dem ernstlichsten Streben nach faktischer Wahrheit auf beiden Seiten, selten vollständig übereinstimmend ausfallen, da jeder die verschiedenen in der Unterhaltung vorkommenden Momente bona fide nach seiner eigenen Ansicht auffaßt, und dadurch notwendiger Weise Äußerungen zum Vorschein kommen müssen, die der andere in diesem Sinn und mit dieser Färbung nicht gesagt zu haben glaubt.

[1]) Englischer Staatssekretär des Auswärtigen.

Wenn dann lange nachher die einseitigen und nicht kontrollierten Berichte veröffentlicht werden, so kann namentlich ein Minister der Auswärtigen Angelegenheiten, der jährlich einige Hundert solcher Unterredungen hat, unmöglich nach geraumer Zeit noch die ungenauen Versionen rektifizieren, und es muß dadurch nicht nur die öffentliche Meinung irregeleitet, sondern selbst eine schiefe Stellung der Kabinette zueinander hervorgerufen werden. Gerade die letzten Serien des Blue Book liefern mehrfache Beweise, daß ich von Sir Andrew Buchanan nicht selten mißverstanden bin. Lord Russell wird dies, wie ich nicht zweifle, mit mir beklagen, er wird aber auch gerecht genug sein, anzuerkennen, daß durch diese Publikationen der vertrauliche Verkehr mit dem Botschafter mir auf das Äußerste erschwert wird".

Nachdem der Botschafter den Erlaß dem Lord Russell zur vertraulichen Kenntnisnahme übersandt hatte, erhielt er von diesem am 10. April 1864 ein Billett nachstehenden Inhalts: „I return your dispatch with many thanks. We take all possible pains to omit from the Parliamentary Papers any passages that might be offensive to any one. But our Parliament requires to be informed of our negotiations with Foreign Powers, and as you have very seldom permission to communicate a dispatch except confidentially, we are obliged to instruct our Ministers abroad to ask for information. This is the only way of enabling our Parliament to know the proceedings of our Government in relation to Foreign Powers".

Graf Bernstorff bemerkt hierzu mit Recht, daß diese Antwort „die Indiskretion der Veröffentlichung vertraulicher Unterredungen in den Blue Books durchaus nicht zu rechtfertigen scheint" [1]).

Wichtig ist auch Bismarcks Stellungnahme in dem Blaubuch-Streit zwischen England und Österreich-Ungarn,

[1]) Nach den Akten. Vgl. Aus dem Leben Theodor von Bernhardis. T. 6. Leipzig 1897, S. 112. — H. v. Poschinger: Fürst Bismarck und die Diplomaten. 1852—1890. Hamburg 1900, S. 158/59.

der im Februar 1877 eine ernste Verstimmung zwischen den Kabinetten der beiden Länder hervorgerufen hatte. Englischerseits war ein Blaubuch über die Türkei [1]) veröffentlicht worden, in dem vertrauliche Äußerungen des österreichisch-ungarischen Ministers des Äußern Andrássy fälschlich wiedergegeben waren. Am 19. Februar berichtete der deutsche Botschafter in London Graf Münster dem Staatssekretär von Bülow über diese bedauerliche Verstimmung, bei der er im Sinne des Fürsten Bismarck ausgleichend zu wirken suche. Der Bericht ist besonders deswegen bemerkenswert, weil er ein drastisches Urteil über die Blaubücher enthält, die so oft die Wurzel von Mißhelligkeiten bilden. „Das blue book", sagt Graf Münster, „ist im Foreign Office selbst, wie für alle Diplomaten, eine gleichverhaßte Einrichtung, ist das böse Gewissen unvorsichtiger Minister und Diplomaten und dabei für das Parlament selbst eine Camera obscura, in der, nach Belieben des Künstlers, Nebelbilder, mit mehr oder weniger Nebel gezeigt werden" [2]).

Am 22. Februar erging ein Erlaß Andrássys an den österreichisch-ungarischen Botschafter in Berlin, Grafen Károlyi [3]) mit der Mitteilung, „er habe sich durch das Vorgehen des Kabinetts von St. James bei der jüngsten Blaubuchpublikation zu sehr eindringlichen Vorstellungen in London veranlaßt gesehen". „In der Tat enthält diese Publikation Passagen aus meinen vertraulichen Unterredungen mit Sir A. Buchanan [4]), in welchen der Sinn meiner Äußerungen großenteils anders wiedergegeben erscheint,

[1]) Turkey. No. 1. 2. 1877. C. 1640, 1641.

[2]) Ein anderer deutscher Diplomat, Graf Hatzfeldt, bezeichnete die englischen Blaubücher einmal als das „blaue Gespenst". Vgl. Lord Edmond Fitzmaurice, The Life of Granville. Vol. 2. 4. impr. 3. ed. London 1905, S. 224: „English Blue Books — the Blue Spectre, Count Hatzfeldt once called them."

[3]) Graf Alois Károlyi, 1871—1878 österreichisch-ungarischer Botschafter in Berlin.

[4]) Sir Andrew Buchanan, 1871—1878 englischer Botschafter in Wien.

als durch dieselben gerechtfertigt war, und welche eine irrtümliche Interpretation meiner Meinungen ermöglichen. Ich habe dagegen Verwahrung einlegen zu sollen geglaubt, und Ew. Exz. sind beauftragt, der k. deutschen Regierung von dem diesfalls an den Grafen Beust [1]) gerichteten Erlasse in streng vertraulicher Weise Kenntnis zu geben".

„Ich darf dabei vielleicht der Erwartung Ausdruck geben, mich insbesondere in der prinzipiellen Frage der Veröffentlichung vertraulicher Auseinandersetzungen im vollen Einklange mit der Auffassung Seiner Durchlaucht des Herrn Reichskanzlers zu sehen".

In dem ebenfalls vom 22. Februar datierten Erlaß an den Grafen Beust hatte Andrássy sein Erstaunen über das Verhalten der englischen Regierung unverhohlen ausgesprochen. „Sicherlich konnte es mich nur befremden, wenn die Regierung Ihrer Majestät der Königin sich unserer Zustimmung zur Veröffentlichung von Mitteilungen verhältnismäßig untergeordneten Belanges versicherte, während sie keinen Anstand nahm, meine ganz vertraulichen Unterredungen mit Sir Andrew Buchanan in einer Form dem Publikum preiszugeben, gegen welche ich insofern gerechtfertigte Einwendungen erheben darf, als darin Sätze enthalten waren, von denen die Regierung wissen mußte, daß sie weder den Zweck der Veröffentlichung noch die Eignung dazu an sich tragen, und daß sie voraussichtlich irrige Interpretationen meiner Äußerungen nach sich ziehen würden . . . Daß dies Vorgehen weder auf dem Gedanken der Reziprozität uns gegenüber beruht, noch auch nur der englischen Tradition selbst entspricht, bedarf keines Beweises . . ."

„Jede Regierung ist schlechthin Eigentümerin ihrer eigenen Instruktionen an ihre Vertreter, der Berichte dieser letzteren dagegen nur insofern als dritte Personen dabei nicht ins Spiel kommen. In dieser Richtung hat sie bezüglich ihrer Publikationen völlig freie Hand. Aber ich

[1]) Friedrich Ferdinand Graf von Beust, 1871—1878 österreichisch-ungarischer Botschafter in London.

kann prinzipiell nicht zugeben, daß sie eine gleiche Freiheit dann in Anspruch nehmen darf, wenn es sich um konfidentielle Mitteilungen wie die oben erwähnten handelt. Es ist niemals verbürgt, daß derartige, regelmäßig sehr heikle Meinungsäußerungen auch das vollkommen richtige Verständnis von Seiten des anderen Teiles gefunden haben, und meines Erachtens ist keine Regierung befugt, sich einseitig zum Interpreten der Meinungen eines Dritten zu machen. Will man also zur Publikation solcher Privatkonversationen gegenüber einer Regierung schreiten, zu welcher man in freundschaftlichen Beziehungen steht, so erwächst daraus die Verpflichtung, dem anderen Teile den Text der beabsichtigten Publikationen zur Einsicht vorzulegen. Die Alternative kann nur so stehen: entweder vertrauliche Mitteilungen gar nicht publizieren, was meines Erachtens das Richtige ist, oder durch den Betreffenden vor dem Abdrucke seiner Äußerungen konstatieren lassen, daß letztere genau wiedergegeben sind. Jedes andere Vorgehen muß die Möglichkeit eines konfidentiellen Meinungsaustausches zuletzt ausschließen".

Es ist verständlich, daß Andrássy, nachdem er sich „mit rückhaltloser Offenheit" über die Angelegenheit geäußert und dem dringenden Wunsche Ausdruck gegeben hatte, daß über seinen Standpunkt „unbedingte Klarheit" herrschen solle, großen Wert darauf legte, zu erfahren, ob Fürst Bismarck grundsätzlich seine Auffassung teilte. Gewißheit darüber erhielt er durch ein Schreiben, das der Geheime Legationsrat von Radowitz am 27. Februar 1877 an den Grafen Károlyi richtete. Darin heißt es: „Fürst Bismarck kann dem vom Herrn Grafen Andrássy in der prinzipiellen Frage der Veröffentlichung vertraulicher diplomatischer Unterredungen und Mitteilungen eingenommenen Standpunkt seinerseits nur zustimmen; wir haben jederzeit uns im Verkehr mit befreundeten Regierungen von den gleichen Ansichten leiten lassen und würden uns nicht für berechtigt erachten, von vertraulichen Meinungsäußerungen eines fremden Kabinetts, zu dem wir in freundschaftlichen Beziehungen stehen, ohne dessen vorher eingeholte Zustimmung zum Zwecke der Veröffentlichung Gebrauch zu machen. Die englische Regierung ist in dieser Hinsicht durch die Traditionen des Parlaments allerdings in eine schwierigere Lage versetzt, als die Regierungen der anderen Länder. Aus diesem Grunde hat Fürst Bismarck stets gesucht, das Aufkommen ähnlicher Traditionen bei uns zu hindern: dieselben könnten nur dazu führen, entweder unvollständige und daher wertlose Mitteilungen dem Publikum zu machen oder sich im vertraulichen Verkehr mit anderen Regierungen eingeschränkt zu sehen, worunter notwendigerweise auf die Dauer die guten Beziehungen der Kabinette leiden müßten".

Der hier nach den Akten geschilderte Fall beweist besonders eindringlich, wie leicht bei der Veröffentlichung von Blaubüchern irgendwelche Inkorrektheiten auf der einen oder anderen Seite zu unliebsamen und nachteiligen Spannungen zwischen den beteiligten Regierungen führen können, auch wenn sonst ein freundschaftliches Einvernehmen zwischen ihnen herrscht. Für Bismarck bedeutete er eine neue Erfahrung, die seine Abneigung gegen das Blaubuchwesen nur vertiefen konnte.

„It is astonishing how cordially Bismarck hates our Blue-Books" schreibt Lord Ampthill [1]) in seinem Bericht vom 15. Juli 1882 an Granville [2]). Abgesehen von dieser Feststellung ist der Bericht auch deswegen interessant, weil aus ihm hervorgeht, daß es tatsächlich einmal gelungen zu sein scheint, dem Fürsten Bismarck eine ihn betreffende Blaubuch-Indiskretion zu verheimlichen. Am 5. Februar 1881 hatte Goschen, der englische Botschafter in Konstantinopel, den deutschen Reichskanzler besucht und eine Unterredung

---

[1]) Lord Odo Russell (seit 1881 Lord Ampthill), 1871–1884 englischer Botschafter in Berlin.

[2]) George Earl Granville, 1880–1885 englischer Staatssekretär des Äußern.

über die türkisch-griechische Differenz mit ihm gehabt. Goschens vertrauliche Depeschen über diese Unterredung wurden bald darauf offenbar mit Zustimmung des deutschen Botschafters Grafen Münster in dem englischen Blaubuch „Greece. Nr. 6“ [1]) veröffentlicht, was Bismarck jedoch nicht erfuhr. Lord Ampthill erzählt darüber folgende Einzelheiten: „Dr. Busch [2]) confided to me that if Bismarck had ever known that Münster took upon himself to authorise the publication of Goschen's confidential despatches from Berlin in our Blue Book on Greece, he would have instantaneously dismissed Münster from the Imperial service. Happily Dr. Busch says Bismarck was at Kissingen, and had given orders that nothing should be sent to him while he was attending to his cure, so that the Foreign Office had been able to keep the official publication of Goschen's conversations with him at the time they were laid before Parliament, and the official press was told by Hatzfeldt [3]) to pass them over in silence ...“

„I cannot sufficiently recommend to you to abstain from publishing any of my despatches about Bismarck in the Blue Books, for if once he takes offence at anything we publish, he will take his revenge by making himself as disagreeable as possible to us for the rest of his days“ [4]).

Ein anderes Blaubuch-Unrecht aber blieb Bismarck nicht verborgen. Der Zwischenfall ereignete sich in den ersten Monaten des Jahres 1885, gewissermaßen als Teilerscheinung der damals zwischen Deutschland und England entstandenen kolonialpolitischen Spannung.

Über den Tatbestand machte Fürst Bismarck in seiner großen Reichstagsrede über die deutsch-englischen Bezie-

---

[1]) Vgl. Sta 39, 203, 204, 212.

[2]) Geheimer Legationsrat, seit dem 28. März 1881 Unterstaatssekretär im Auswärtigen Amt.

[3]) Paul Graf von Hatzfeldt-Wildenburg, 1881—1885 Staatssekretär des Auswärtigen Amts.

[4]) Vgl. Fitzmaurice: The life of Granville. Vol. 2. 1905, S. 366/67.

hungen am 2. März 1885 folgende Ausführungen (RB 1884/85, 3, 1502; Bi 11, 56): „Man hat dazu gegriffen, Aktenstücke, wie z. B. ein Schreiben eines australischen Königs an S. M. unseren Kaiser, in englischen amtlichen Sammlungen früher zu drucken, als S. M. der Kaiser es erhalten hatte. Wie es in englische Hände geraten ist und in die amtlichen, weiß ich nicht. Es sind Aktenstücke ziemlich vertraulicher und ziemlich einschneidender Natur, die an uns gerichtet waren, in England amtlich gedruckt worden, ehe wir sie erhalten hatten. Es sind vertrauliche Besprechungen, die ich hier mit den Vertretern Englands gehabt habe — Besprechungen der vertraulichsten Natur, die sich auf sehr langjährige persönliche Bekanntschaften gründeten, die aber natürlich zur Meldung berechnet waren — in amtlichen Aktenstücken resümiert und zum Druck bestimmt worden".

Ausführlicher und mit außerordentlicher Schärfe wurde die Angelegenheit am 2., 3. und 4. März in der Norddeutschen Allgemeinen Zeitung (Nr. 102, 104, 105) behandelt: „In den Publikationen des letzten, Ende vorigen Monats ausgegebenen Blaubuchs, ist das englische Auswärtige Amt in bemerkenswerter Weise von seinen bisher stets beobachteten Traditionen internationaler Courtoisie abgewichen: Es war sonst stets Gebrauch, daß vor der Veröffentlichung von Noten oder von Berichten, welche vertrauliche Unterredungen wiedergaben, eine Anfrage an die beteiligte Regierung gerichtet wurde, ob dieselbe damit einverstanden wäre".

„Dasselbe Verfahren ist, soviel wir wissen, auch seitens des deutschen Auswärtigen Amtes bei Zusammenstellung der Weißbücher eingeschlagen worden".

„Die englische Regierung hat diesmal diese Rücksicht außer acht gelassen: sie ist darin so weit gegangen, daß sie einen an den Kaiser gerichteten Brief des samoanischen Königs Malietoa eher gedruckt hat, als derselbe sich in den Händen Seiner Majestät befand. Es ist dies bezeichnend für die Genesis des Briefes".

„Auch Lord Granvilles Note vom 21. v. Mts., betreffend Kamerun, lag dem englischen Parlament bereits im Druck vor, ehe sie auf diplomatischem Wege hier bekannt sein konnte".

„In dem Erlaß Lord Granvilles vom 7. v. Mts. an den englischen Botschafter in Berlin ist der Inhalt eines von diesem selbst geschriebenen Berichtes über eine ganz vertrauliche Unterredung, die er mit dem Reichskanzler gehabt hatte, reproduziert und auf diese Weise der Öffentlichkeit übergeben worden". —

Diese Vorwürfe richten sich in erster Linie gegen das englische Blaubuch „C. 4273. Further Correspondence respecting New Guinea and other islands in the Western Pacific Ocean. February 1885", das auf S. 164 (Enclosure in No. 185) den Brief Malietoas an den deutschen Kaiser vom 29. Dezember 1884 abdruckt. (Sta 44, 284—286.) Die vertrauliche Unterredung des englischen Botschafters Malet mit dem Fürsten Bismarck am 24. Januar 1885 (vgl. HK 2, 346) wird an derselben Stelle, Seite 153, No. 176, veröffentlicht. (Sta 44, 270—275.) Lord Granvilles Note vom 21. Februar 1885 findet sich in dem auf Seite 127 erwähnten Blaubuch C. 4279 über Kamerun. (Sta 44, 325 ff.)

„Wenn wir auf die anderthalb Jahrzehnte zurückblicken", heißt es in der Norddeutschen Allgemeinen Zeitung (Nr. 104 vom 3. 3. 1885), „die seit dem französischen Kriege vergangen sind, so werden wir kaum auf eine öffentliche und amtliche Korrespondenz zwischen zwei Kabinetten stoßen, welche mit den diplomatischen Traditionen mehr im Widerspruch stände, als die jüngsten Veröffentlichungen der englischen Blaubücher". Die Zeitung sieht darin geradezu einen „Vertrauensbruch" und „eine Indiskretion, welche vertrauliche Auslassungen zwischen den Staatsmännern beider Regierungen für die Zukunft abschneidet".

Trotzdem fand der Blaubuch-Konflikt sehr bald seine Erledigung, und zwar durch die von dem Grafen Herbert Bismarck in London persönlich herbeigeführte Verständigung mit der englischen Regierung. Am 7. März 1885 berichtet er dem Reichskanzler aus London: „Im Interesse unserer Beziehungen will er (Lord Granville) in Zukunft nichts mehr ohne Rückfrage publizieren". (GrP 4, 105.) [1]) —

Wie mit den englischen Blaubüchern, hatte Fürst Bismarck auch mit den österreichischen Rotbüchern seine Erfahrungen gemacht und daher keine besonders hohe Meinung von ihnen, was dann weiterhin wiederum sein Urteil über Wert und Bedeutung aller Farbbücher negativ beeinflußte. Gleich das erste, Anfang Februar 1868 von Beust herausgegebene Rotbuch hatte seinen Unwillen erregt, weil es den auf eine gewisse Anlehnung an Österreich hinzielenden Tendenzen der preußischen Politik in falscher Auslegung eine zu weit gehende Tragweite gab [2]). Aufs schärfste aber mißbilligte er die dem Gesandten von Werther [3]) gegenüber geäußerte Meinung Beusts, „nach sechs Monaten müßte jeder vertrauliche Ideenaustausch publiziert werden können". Auszüge aus dem betreffenden Bericht Werthers vom 12. Februar 1868 gab Bismarck in einem Erlaß vom

---

[1]) Vgl. noch (Hermann Robolsky): Die deutsche Kolonialpolitik. Heft 4. Leipzig 1885, S. 5 ff. (über den Wert dieses im ganzen 5 Hefte umfassenden Sammelwerks vgl. Hagen XIV); Schultheß' Europäischer Geschichtskalender. N. F. Jg. 1. 1885, S. 49, 245; Hagen 475, 490 ff.; Fitzmaurice: The life of Granville. 1815—1891. Vol. 2. 4. impr., 3. ed. London 1905, S. 427.

[2]) „Der Verfasser des Buchs hat sich die mündlichen Äußerungen des Herrn Frh. von Werther nach dem Bedürfnisse des Eindruckes, den er machen wollte, zurechtgelegt". (Aus einem Erlaß Bismarcks an den Botschafter in London, Grafen von Bernstorff, vom 18. Februar 1868.) — Bezeichnend ist auch folgendes. Als Beust einmal in einem bestimmten Einzelfall sich nicht mit der mündlichen Mitteilung des Gesandten von Schweinitz begnügen, sondern eine Note von ihm haben wollte, antwortete Bismarck auf den diese Tatsache meldenden Bericht des Gesandten mißtrauisch, das Verlangen des Grafen Beust scheine zu beweisen, daß er „Blaubuch-Absichten" im Auge habe. (Erlaß nach Wien vom 17. Juni 1871. Konzept von der Hand Buchers, der an der betreffenden Stelle „Nebenabsichten" geschrieben hatte, was Bismarck dann eigenhändig abänderte.)

[3]) Karl Freiherr von Werther, 1809—1894. ADB 42, 113 ff.

14. Februar sofort an die Botschafter in London und Paris sowie an den Gesandten in Petersburg weiter und bemerkte dazu [1]):

„Ich kann bei dieser Gelegenheit nicht umhin, Ew. „ „ Aufmerksamkeit auf die eigentümliche Auffassung von der Bedeutung und der Ausdehnung solcher Publikationen zu lenken, welcher der österreichische Reichskanzler in seiner Unterredung mit dem Gesandten von Werther Ausdruck gegeben hat, und von der allerdings die diesmalige Publikation des Rotbuchs bereits einen praktischen Beweis bildet".

„Ich glaube nicht, daß in irgendeinem der Europäischen Kabinette diese Anschauung adoptiert werden würde. Alle Kabinette können in die Lage kommen, untereinander einem vertraulichen Ideenaustausch sich hinzugeben, welcher niemals zur Veröffentlichung ist, wie wir selbst wiederholt dazu Veranlassung gefunden haben. Das von dem Frh. v. Beust ausgesprochene Prinzip würde jede vertrauliche Verhandlung unmöglich machen. Es liegt die Frage nahe, ob das österreichische Kabinett selbst nach diesem Prinzip handeln, und das Archiv der Reichskanzlei und des Departements der Auswärtigen Angelegenheiten bis zu dem von ihm angegebenen sechsmonatlichen Termin, also bis zum September vorigen Jahres, der Ausbeutung durch Historiker, Gelehrte und tendenziöse Tagespolitiker eröffnen wolle?"

„Wir sind zwar überzeugt, daß der Reichskanzler, so groß auch sein Bedürfnis sein mag, mit seiner Politik sich an die öffentliche Meinung zu wenden, weit entfernt sein wird, die Konsequenzen seines Grundsatzes so weit ziehen zu lassen; aber auch die vorliegende Publikation selbst, zusammengenommen mit solchen Äußerungen, reicht hin, um uns in unseren Beziehungen zu Österreich eine vermehrte Vorsicht und Behutsamkeit zu empfehlen".

[1]) Nach den Akten.

Besonders deutlich tritt der große Gegensatz, der die beiden Staatsmänner in der Farbbuchfrage unvereinbar trennte, in einem Privatbrief zutage, den Bismarck am 22. Februar 1868 an Werther schrieb [1]: „Haben Sie die Güte, verehrtester Freund, wenn Baron Beust Mitteilung von Aktenstücken verlangt, ihm zu sagen, daß seine Äußerung über die Möglichkeit der Veröffentlichung aller vertraulichen Mitteilungen, die 6 Monate alt sind, mich absolut eingeschüchtert hat. Bisher existieren Geheimnisse der Kabinette, die dieselben, auch wenn sie Krieg gegeneinander führen, nicht zu veröffentlichen, sich schuldig zu sein glaubten. Sobald dies Gefühl der Solidarität und der Ritterlichkeit aufhört, so hört auch jede Möglichkeit eines wirklich vertraulichen Verkehrs auf" [2]).

So liegen die Gründe, weshalb Bismarck „kein Anhänger der Blaubücher" war, nach allen Seiten hin klar zutage. Aber trotz dieser entschiedenen Gegnerschaft griff auch er doch mehr als einmal zu jener diplomatischen Waffe. Freilich geschah es immer nur ausnahmsweise und nur dann, wenn er es zur Herbeiführung eines im voraus sicher berechneten Erfolges für unumgänglich hielt. Jedesmal aber offenbarte Fürst Bismarck dann auch auf diesem Gebiete seine politische Meisterschaft und höchste technische Virtuosität. Unvergleichliche Zeugnisse dafür bieten namentlich die Kolonialweißbücher, die zum Teil unter stärkster persönlicher Beteiligung und Einwirkung des Kanzlers entstanden sind [3]).

Im ganzen gerechnet hat Fürst Bismarck in der Zeit von 1870 bis 1890 dem Reichstag kaum ein Dutzend Weißbücher vorgelegt. Wie fand dieser sich damit ab, daß man

---

[1]) Nach den Akten.

[2]) Vgl. Beusts Äußerungen über Bismarck als „Gegner der parlamentarischen Korrespondenz-Vorlagen" in seinen Erinnerungen „Aus drei Viertel-Jahrhunderten", Bd. 2. Stuttgart 1887, S. 172.

[3]) Näheres darüber siehe im zweiten Teil in den Anmerkungen zu den einzelnen Weißbüchern.

ihn so stiefmütterlich behandelte, und welchen Verlauf nahm die Entwicklung der Weißbuchfrage im Parlament und bei den Parteien? Eine Antwort auf diese Fragen versucht der nächste Abschnitt zu geben.

C. Der Reichstag [1]).

Zeiten nationaler Not schärfen den Blick für außenpolitische Dinge. Und je schwerer die Not auf der Volksgemeinschaft lastet, je drückender sie auch für jeden einzelnen wird, umso dringender ist unter dem Gefühl der Verantwortlichkeit aller das Verlangen, die Zusammenhänge der auswärtigen Politik kennen zu lernen, die Ursachen zu ergründen, die das Unglück heraufgeführt haben. Eine allgemeine Beunruhigung entsteht, das Volk appelliert an die von ihm erwählten Vertreter, und diese wieder drängen die Regierung, Einrichtungen zu schaffen, die eine dauernde Kontrolle der auswärtigen Politik durch das Parlament und damit eine Abwendung neuer Katastrophen ermöglichen — typische Vorgänge, wie wir sie in Deutschland während des Weltkrieges zur Genüge erlebt haben.

Im Herbst 1916 lagen im Reichstag verschiedene Anträge vor, die sämtlich dahin gingen, dem Parlament eine intensivere Beteiligung an der auswärtigen Politik zu sichern, und die dieses Ziel etwa durch Schaffung eines ständigen Ausschusses für auswärtige Angelegenheiten erreichen wollten. Am 11. Oktober 1916 empfahl der Ausschuß für den Reichshaushalt durch den Abgeordneten Bassermann [2]) als Berichterstatter dem Reichstag folgenden Antrag: „Der Reichstag ermächtigt den Ausschuß für den Reichshaushalt, zur Beratung von Angelegenheiten der auswärtigen Politik und des

---

[1]) Vgl. Detlef Albers: Reichstag und Außenpolitik von 1871 —1879. Berlin 1927. (Historische Studien. 170.) Die Abhandlung enthält zutreffende Beobachtungen besonders über „die Stellung der damaligen Parteien zu Bismarcks Außenpolitik".

[2]) Ernst Bassermann, † 24. Juli 1917.

Krieges während der Vertagung zusammentreten [1]." Bei der Beratung des Antrags am 26. Oktober, die schließlich zu seiner Annahme führte, machten verschiedene Redner wertvolle historische Ausführungen über das Verhältnis des Reichstags zur Führung der deutschen Außenpolitik. [2]) So wies der Abgeordnete Gröber [3]) darauf hin, daß „die bisherige Handhabung der auswärtigen Politik im Reichstage eine unbefriedigende und ungenügende" gewesen sei. Es habe ja keineswegs gefehlt an Erörterungen über die auswärtige Politik, z. B. bei der Etatsberatung des Auswärtigen Amtes und ähnlichen Gelegenheiten. „Was aber gefehlt hat, das war eine dauernde Verständigung zwischen Reichstag und Reichsleitung über die Richtlinien der auswärtigen Politik und eine ständige Kontrolle über die Führung der auswärtigen Politik durch den Reichstag." Den tiefsten Grund für die ungenügende Behandlung der auswärtigen Politik im Reichstage sah Gröber in „der mangelnden Entwicklung und Klarheit der auswärtigen Verhältnisse überhaupt. Es läßt sich nicht bestreiten, daß wir in der Zeit der Entwicklung der Weltpolitik erst nach und nach und wesentlich, glaube ich, erst durch die Erfahrungen dieses Weltkrieges zu einer Klarheit über viele Fragen gekommen sind, die noch vor wenigen Jahren nicht genügend geklärt waren".

„Daneben hat allerdings auch das Verhalten der Reichsleitung selbst einen nicht kleinen Anteil an dieser ungenügenden Behandlung der auswärtigen Politik; denn die Reichsleitung hat in Übereinstimmung mit der Stellungnahme fast aller auswärtigen Regierungen die Behandlung der auswärtigen Politik als eine Art Geheimwissenschaft, möchte ich beinahe sagen, aufgefaßt, eine Geheimwissenschaft, von deren Behandlung man das profane Volk und die profane Volksvertretung möglichst fernzuhalten gesucht hat."

[1]) RB 308, 1741/42.

[2]) RB 308, 1808, 1809, 1816, 1819, 1821.

[3]) Adolf Gröber, † 19. November 1919.

„In dieser letzteren Beziehung ist ganz besonders charakteristisch die Stellungnahme der Regierung zu dem nicht selten im Reichstag laut gewordenen Wunsch, daß ein diplomatisches Weißbuch herausgegeben werden möge. Als dieser Wunsch am 22. April 1869 zum ersten Male im Reichstag durch den nationalliberalen Abgeordneten Twesten geäußert wurde [1]), fand der Wunsch von seiten Bismarcks eine sehr scharfe Ablehnung, und diese Ablehnung wurde mit so gesalzenem Spott begründet, daß während der ganzen Dauer der Kanzlerschaft Bismarcks niemand mehr gewagt hat, auf diesen Wunsch zurückzugreifen" [2]). Später sei dem Reichstag von Zeit zu Zeit bei besonderen Anlässen der Abdruck diplomatischer Aktenstücke zugegangen. Zu einer periodischen Herausgabe, zu regelmäßigen Mitteilungen von Material über die auswärtige Politik sei es aber nicht gekommen. „Das Recht des Reichstags auf Auskunft über die auswärtige Politik sei nicht bestritten."

Der Abgeordnete Haußmann [3]) begleitete die Anträge mit folgenden Bemerkungen: „Der Anteil des Parlaments an der auswärtigen Politik war bisher rudimentär benutzt, und es war vielfach Tradition: sich möglichst zu enthalten und möglichst zurückgehalten zu werden. Die jetzt vorliegenden Anträge . . . haben zum Ausdruck gebracht: wie eine opinio necessitatis, welche bekanntlich eine alte Rechtsquelle ist, wird von der Volksvertretung wie vom Volk empfunden, ein stärkerer Anteil, eine stärkere Kontrolle der auswärtigen Politik und eine intensivere und planvollere Mitarbeit der Volksvertretung. Diese Anträge enthalten zugleich das Geständnis, daß das bisher noch nicht der Fall gewesen ist."

[1]) Siehe oben S. 27 ff.

[2]) Die Tatsache, daß der Abgeordnete Reichensperger in den siebziger Jahren nicht weniger als dreimal die Veröffentlichung von deutschen Blaubüchern angeregt hat, ist dem Abgeordneten Gröber offenbar unbekannt geblieben. Vgl. darüber S. 67 ff.

[3]) Konrad Haußmann, † 11. Februar 1922.

Besonders wichtig war die Rede des Abgeordneten Stresemann, die neuerdings unter der Überschrift „Der Volksvertretung mehr Rechte" auch in seine gesammelten „Reden und Schriften" aufgenommen ist [1]). Auch er stellte fest, daß „der bisherige Zustand von allen Seiten als unbefriedigend" empfunden worden sei, und verlangte die Einsetzung eines eigenen „Parlamentsausschusses für auswärtige Angelegenheiten". „Wir haben geglaubt, daß bei der ausschließlichen Erörterung der auswärtigen Politik in einem solchen Ausschuß für auswärtige Angelegenheiten durch Persönlichkeiten, die ständig in ihm wirkten, auch ein engerer Konnex mit der Materie, eine Spezialisierung der Arbeiten, die Stellung von Berichterstattern für einzelne Fragen möglich wäre, daß einem solchen Ausschuß auch in ganz anderer Weise z. B. durch Vorlegung von Material, das uns heute vorenthalten wird, durch Vorlegung von Botschafterberichten und anderen, die Möglichkeit einer intensiveren Anteilnahme an diesen Arbeiten gewährleistet werden könnte, als sie uns heute bei der oft hervortretenden Überlastung der Budgetkommission sichergestellt erscheint [2])."

---

[1]) Stresemann: Reden und Schriften. Politik. Geschichte. Literatur. 1897—1926. Bd. 1. Dresden 1926, S. 120 ff.

[2]) Das Problem eines besonderen Ausschusses für auswärtige Politik fand damals auch in der Tagespresse lebhafte Beachtung. Von gegnerischen Stimmen seien beispielsweise die folgenden genannt: K. Beyerle, Vom „Reichskriegsrat" (Allgemeine Rundschau. München. 30. September 1916); W. v. Massow, Zur Frage des Reichskriegsrats (Der Tag. 30 September 1916); Oktavio Freiherr von Zedlitz und Neukirch, Der Reichstagsausschuß für auswärtige Politik (Die Post. 2. Oktober 1916); Paul Rohrbach, Beirat für auswärtige Politik (Der Tag. 3. Oktober 1916).

„Das Mittel eines Parlamentsausschusses für die auswärtigen Angelegenheiten ist des Versuchs wert", sagt James Bryce am Schluß seiner Ausführungen über die Bildung von Parlamentsausschüssen. (Moderne Demokratien. Autoris. Übers. von K. Loewenstein und A. Mendelssohn-Bartholdy. 3. Der demokratische Staat in der Praxis. München 1926, S. 52/53.) — Durch Artikel 35 der Deutschen Reichs-

Beim näheren Eingehen auf die Entwicklung des deutschen Verfassungslebens betonte Stresemann dann mit vollem Recht, daß „die deutschen parlamentarischen Verhältnisse nur dadurch erklärlich sind, daß in der Persönlichkeit Bismarcks ein natürlicher großer Hemmschuh der deutschen parlamentarischen Entwicklung gelegen hat [1]."

---

verfassung vom 11. August 1919 ist dann später ein derartiger „Ständiger Ausschuß für auswärtige Angelegenheiten", der die Rechte der Untersuchungsausschüsse hat, geschaffen worden.

Aus der durch den Weltkrieg hervorgerufenen Literatur über die demokratische Kontrolle der auswärtigen Politik seien nachstehende Werke erwähnt: Arthur Ponsonby, Democracy and diplomacy. A plea for popular control of foreign policy. London 1915. (Über Blue-Books S. 52, 58, 82.) – Ed. Bernstein, Die parlamentarische Kontrolle der auswärtigen Politik, in: Organisation Centrale pour une Paix durable. Recueil de Rapports sur les différents points du programme-minimum. P. 2. La Haye 1916. S. 209–228; ebenda S. 241–251: Mikael H. Lie and Halvdan Koht, Norway, Parlamentary control of foreign politics; S. 252–261: A. Ponsonby, The democratic control of foreign affairs. – Zentralorganisation für einen dauernden Frieden. Internationaler Studien-Kongreß. Bern 1916. Der Parlamentarismus, seine Kontrolle der Auslandspolitik und über sich selbst. Von Carl Lindhagen. (Schweden.) Haag 1917. – Zentralorganisation für einen dauernden Frieden. Demokratische Kontrolle der auswärtigen Politik. Nichtigkeit geheimer Verträge. Bericht von J. Scherrer-Füllemann, St. Gallen. Haag 1917. – Vgl. ferner S. R. Chow: Le contrôle parlementaire de la politique étrangère en Angleterre, en France et aux Etats-Unis. Paris 1920. – Parker Thomas Moon: Syllabus on international relations. New York 1925, S. 206 (The problem of democratic control). – H. M. Swanwick: Baumeister des Friedens. Zehn Jahre Geschichte der Union für demokratische Kontrolle. Ins Deutsche übersetzt von S. Blach. Halberstadt 1925. – Ernst Müller-Meiningen: Parlamentarismus. Berlin und Leipzig 1926, S. 160/61.

[1]) Vgl. die Äußerung Eugen Richters im Reichstag am 22. Februar 1897: „Ich habe die Zurückhaltung des Reichstags in auswärtigen Angelegenheiten ... meinerseits immer für unnatürlich erachtet; sie erklärt sich nur aus der Persönlichkeit des Fürsten Bismarck heraus, und es ist allerdings an der Zeit, daß der Reichstag in solchen Dingen dieselbe Haltung einnimmt, die in allen anderen Parlamenten der Großmächte stattfindet." (RB 1895/97, 7, 4856); ebenso die Bemerkung

„Wir hatten die Verfassung des Reichs und die Tradition des Reichstags auf die Persönlichkeit des gewaltigen ersten Kanzlers zugeschnitten. Wenn er mit Hohn und Spott sich gegen ein Weißbuch wandte, dann schwieg der Reichstag und konnte schweigen, weil er zu der überragenden Persönlichkeit, die uns nach drei siegreichen Kriegen ein einiges Reich schuf, unbegrenztes Vertrauen haben und aus diesem Grunde auf die Geltendmachung mancher Rechte verzichten konnte, auf die er sonst nicht verzichtet hätte. Bennigsen kennzeichnete diese Situation einmal, indem er ausführte: „Wenn der Deutsche Reichstag niemals zu der imponierenden Autorität gekommen ist, welche andere Parlamente einnehmen, so liegt das an der übermächtigen Gestalt und der Wirksamkeit des ersten Kanzlers." Man könnte sagen, wenn wir jetzt einen Bismarck hätten, brauchten wir diese Anträge nicht einzubringen. Ich kann das nur in dem Sinne anerkennen, daß eben dieses Schwergewicht der einzelnen Persönlichkeit dieses Parlament niederhielt und nicht zu der Entwicklung kommen ließ, zu der es sonst entsprechend der Entwicklung in anderen Ländern gekommen wäre, daß das auf die historische Entwicklung unserer Parlamentsrechte von entscheidendem Einfluß gewesen ist."

Von dem Bilde, das hier führende Abgeordnete unter dem scharfen Licht des Weltkrieges rückblickend von der Verkümmerung der Parlamentsrechte auf dem Gebiete der auswärtigen Politik gezeichnet haben, kehren wir zu den Anfängen des Reichstags zurück, um die Entwicklung dieser Rechte noch etwas genauer zu verfolgen, wobei wir unserer

---

Bebels am 5. Dezember 1911: „Bisher hat der Reichstag jahrzehntelang ... dazu geschwiegen, wenn noch so wichtige Verträge ohne ihn abgeschlossen wurden. Er hat unterlassen, den Mund aufzutun und zu verlangen, daß man Näheres hörte und ihm die Verträge zur Genehmigung vorlegte. Das galt besonders in den Zeiten, wo Bismarck herrschte, der sich in keiner Weise in die Karten sehen lassen wollte und sich in der auswärtigen Politik nicht hineinreden ließ" (RB 268, 8357). — Siehe auch Albers: Reichstag und Außenpolitik, S. 12—17.

Aufgabe gemäß besonders das Recht auf Blaubücher ins Auge fassen, denen ja für die Beteiligung der Volksvertretung an den auswärtigen Angelegenheiten eine gewisse symbolische Bedeutung innewohnt.

In seinem bereits erwähnten Aufsatz „Die Leitung der auswärtigen Politik des Reichs" schrieb der Tübinger Professor Friedrich Thudichum im Jahre 1876: „Bis auf diesen Tag hat der Reichstag keinen Antrag auf Veröffentlichung von Blaubüchern gestellt, wie auch der Abgeordnete Twesten im Jahre 1869 ausdrücklich erklärte, keinen solchen stellen zu wollen. Ebensowenig hat er verlangt, in geheimen Sitzungen von dem Reichskanzler Eröffnungen über die auswärtige Politik, die Ansichten und Absichten des Kaisers und des Reichskanzlers zu erhalten." „Man gibt sich damit zufrieden, das Amt des Reichskanzlers und des Staatssekretärs des Auswärtigen [1]) in Händen zu wissen, denen man zu vertrauen Ursache hat [2])."

Mit diesem damals herrschenden allseitigen Vertrauen zur Leitung der deutschen Außenpolitik hängt es auch zusammen, daß man keinen Anstoß daran nahm, den durch die Reichsverfassung geschaffenen Bundesratsausschuß für die auswärtigen Angelegenheiten niemals in Tätigkeit zu sehen. Das Jahr 1874 brachte freilich eine Ausnahme. Am 4. Dezember, bei der Beratung des Etatstitels „Bundesrat und Ausschüsse des Bundesrats", unternahm der Zentrumsabgeordnete Dr. Jörg [3]) einen leidenschaftlichen Vorstoß gegen die auswärtige Politik des Reichskanzlers. „Es ist am Ende doch", so führte er aus, „für keinen Unbefangenen zu leugnen, daß gerade im Laufe dieses Jahres in der Leitung der auswärtigen Angelegenheiten des Reichs in sehr greifbarer Weise ein persönliches Regiment zutage getreten

[1]) Bernhard Ernst von Bülow, 1815—1879, von 1873 bis 1879 Staatssekretär des Auswärtigen Amts. ADB 47, 350 ff.

[2]) Holtzendorffs Jahrbuch für Gesetzgebung . . . 4, 332, 337.

[3]) Joseph Edmund Jörg, 1819—1901, Vorstand des bayerischen Kreisarchivs Landshut.

ist, das seine schweren Bedenken hat . . . Das persönliche Regiment hat seine bedenklichen Seiten, wenn es auch von der genialsten Persönlichkeit getragen wird. Ich behaupte sogar, je genialer der Träger, desto mehr ist er bedenklichen Zufällen, Anfällen und außerordentlichen Einfällen mitunter ausgesetzt. Ja, es ist meine Ansicht und ich glaube, daß die Geschichte das lehrt, daß die sogenannten Säkularmenschen in gewissen Momenten, entsprechend ihrer kolossalen Erscheinung, auch ganz kolossalen Fehlgriffen ausgesetzt sind, und da meine ich nun, der Artikel 8 Absatz 3 der Reichsverfassung enthält sehr viele Weisheit. Denn wie ich den Absatz verstehe, so soll es eben den Vertretern der übrigen Bundesstaaten möglich sein, mäßigend, beruhigend einzuwirken — wenn ich so sagen darf, „die Milch der frommen Denkungsart beizugießen [1]).“ Mit der in „Artikel 8 Absatz 3 der Reichsverfassung enthaltenen Weisheit“ meinte der Abgeordnete Jörg den Bundesratsausschuß für die auswärtigen Angelegenheiten, der nunmehr endlich zur Mitwirkung in den auswärtigen Angelegenheiten energisch herangezogen werden müsse.

Fürst Bismarck erwiderte, der Ausschuß bestehe in voller Wirksamkeit und trete zusammen, so oft eines der Mitglieder auf Berufung antrage, resp. der den Vorsitz führende Königlich bayerische Gesandte ihn berufe. „Das ist vielleicht schwierig, wenn der Bundesrat überhaupt nicht versammelt ist; gewiß wäre es auch dann tunlich, und der Ausschuß wird zusammentreten, so oft das Bedürfnis dazu vorliegt. Daß dieses Bedürfnis nicht häufig eintritt, dafür sorgt das Auswärtige Amt, indem es die verbündeten Regierungen durch metallographische Abschriften der wichtigeren Depeschen und durch Mitteilung der Ergebnisse auf dem diplomatischen Gebiete weit über seine dienstlichen Verpflichtungen hinaus, und, soviel ich habe erkennen können, unter voller Anerkennung der verbündeten Re-

[1]) RB 1874/75, 1, 482.

gierungen, auf dem laufenden erhält. Wir haben in unseren auswärtigen Beziehungen recht reine Wäsche und nicht sehr viel zu verbergen . . . Diese Idee also, als ob, wenn ein heimlich sorgfältig präparierter Krieg oder sonst eine Abscheulichkeit geplant würde, dieser Ausschuß, wenn er berufen würde, dem auf die Sprünge kommen würde, ist ja ganz utopisch und eigentlich doch mehr für Romane und Kinderlesebücher berechnet. Im Jahre 1874 ist meines Erachtens gar kein Bedürfnis gewesen, daß irgendeine Ausschußsitzung hätte stattfinden müssen, weil das Jahr 1874, was dem Herrn Vorredner, wie es scheint, einen so erschreckenden Eindruck gemacht hat, in den 13 Jahren, die ich nunmehr an der Spitze des Auswärtigen Amts von Preußen und Deutschland stehe, eigentlich das ereignisloseste gewesen ist, das mir je vorgekommen ist [1]."

[1]) Bi 6, 214 ff. — Der „Diplomatische Ausschuß", wie er auch genannt wurde, „hat nichts zu tun mit der Instruierung der diplomatischen Geschäftsträger, mit dem Abschluß internationaler Verträge, mit der Leitung der auswärtigen Angelegenheiten. Er ist nur dazu da, um Mitteilungen über die auswärtigen Beziehungen des Reiches zu empfangen und die Ansichten der Regierungen über diese Mitteilungen auszutauschen; er dient lediglich zur Information der Bundesregierungen über den Stand der auswärtigen Politik und zur Diskussion dieser Politik, ihrer Zielpunkte und Wege". (Laband.)

Tatsächlich ist der Ausschuß während der Kanzlerschaft des Fürsten Bismarck bezeichnenderweise nur einmal, am 16. Oktober 1879, zu einer Sitzung zusammengetreten, in welcher, wie es in den Akten heißt, der als Vertreter des Reichskanzlers erschienene Vize-Präsident des Preußischen Staatsministeriums, Graf zu Stolberg-Wernigerode, „dem Ausschuß in vorsichtiger Weise von der allgemeinen politischen Lage ganz vertraulich und mit der Bitte um Diskretion Kenntnis gab". (Vgl. Kölnische Zeitung, Nr. 288 vom 17. 10. 1879; NAZ Nr. 446 von demselben Tage.) — Auch unter den Nachfolgern Bismarcks wurde der Ausschuß nur selten zusammenberufen; unter Caprivi überhaupt nicht, unter Hohenlohe am 11. Juli 1900 wegen der Chinawirren, unter dem Fürsten Bülow am 12. Juli 1905 wegen der Marokkofrage und am 12. November 1908 (Annexion Bosniens und der Herzegowina). In der Folgezeit trat der Ausschuß mit einer gewissen Regelmäßigkeit im Spätherbst jeden Jahres zusammen, eine Neuerung, die auf den Staatssekretär von Schoen zurückging. Die

Für die Vorlage von „Blaubüchern" trat im Reichstag während des ersten Jahrzehnts am nachdrücklichsten der Abgeordnete August Reichensperger ein. Dabei leitete ihn keineswegs irgendwelches Mißtrauen gegen die auswärtige Politik Bismarcks, deren „großartige, nie vielleicht in solcher Art dagewesene Erfolge" er ohneweiteres anerkannte. Es waren vielmehr grundsätzliche Erwägungen, die ihn veranlaßten, seine Blaubuchwünsche, trotzdem oder vielleicht auch weil sie jedesmal unerfüllt blieben, mit zäher Unermüdlichkeit immer wieder vorzubringen. Dazu kam offenbar eine gewisse persönliche Vorliebe für diese Einrichtung. Daß der preußische Landtag sie entbehren mußte, hatte Reichensperger schon 1860 mit Bedauern festgestellt [1]). Im Reichstag klagte er zum erstenmal am 25. Januar 1876 darüber, daß die Reichsverwaltung das Haus gerade auf dem Gebiete der auswärtigen Angelegenheiten so schlecht behandle. „In allen anderen großen verfassungsmäßigen Staaten ist es Sitte, die Lage der auswärtigen Angelegenheiten eingehend zu erörtern, und die Regierungen kommen dem durch weitläufige Promemorias, die wir als Gelb-, als Blau- oder Rotbücher kennen, entgegen. Bei uns ist etwas Derartiges bis jetzt noch gar nicht vorgekommen; wir sind genötigt, unsere Anschauungen über die Lage der auswärtigen Politik durchweg aus den Zeitungen zu entnehmen, und das hat auch weitgehende Bedenken gegen sich und mitunter tiefe Schäden im Gefolge [2])."

Eingehender beschäftigte sich Reichensperger mit der

letzte Sitzung vor dem Kriege fand am 24. November 1913 statt. — Vgl. Freiherr von Mittnacht: Erinnerungen an Bismarck. 2. Aufl. Stuttgart und Berlin 1904, S. 29 ff.; E. von Jagemann: Auswärtige Politik im Bundesstaat (Deutsche Revue, Jg. 34, Bd 1, 1909, S. 37ff.); P. Laband: Das Staatsrecht des Deutschen Reiches. 5. Aufl Bd. 1. 1911, S. 253; Freiherr von Schoen: Erlebtes. Stuttgart und Berlin 1921, S. 108; Eppstein-Bornhak: Bismarcks Staatsrecht. 2. Aufl. 1923, S. 265 ff.

[1]) Siehe oben S. 21.

[2]) RB 1875/76, 2, 883.

Frage bei der Etatsdebatte am 15. Dezember 1876. Angesichts der Tatsache, daß es ein ziemlich allgemeiner Gebrauch sei, „den Volksvertretungen Berichte, Denkschriften über die Tätigkeit des Auswärtigen Amts zu geben", befremde es doch einigermaßen, „daß dieser hohe Reichstag, der ein so großes Volk repräsentiere, mit einem solchen Farbenbuche noch niemals bedacht worden sei." „Ich bin natürlich so naiv nicht", sagte Reichensperger, „um zu glauben oder zu erwarten, daß in einem solchen Buche irgendwie über schwebende Fragen oder gar über diplomatische Geheimnisse Auskunft erteilt würde; nichtsdestoweniger aber halte ich es doch von Bedeutung, daß auch wir eine derartige Denkschrift bekommen . . . Ich meine, es habe für uns Reichstagsmitglieder fast etwas Anstößiges, daß wir aus fremden Farbenbüchern, aus Zeitungen, aus Berichten der Interviewers, aus Dialogen und Gott weiß, was sonst, uns zusammensuchen müssen, was auf die auswärtigen Angelegenheiten Deutschlands in der jüngsten Vergangenheit Bezug hat." Zur weiteren Begründung seiner Forderung wies Reichensperger darauf hin, daß es auch im Interesse des Auswärtigen Amtes liege, derartige Mitteilungen zu machen. „Denn wenn wir das Betreffende aus einer fremden Quelle beziehen müssen, so sind da natürlich die Lichter so verteilt, die Gruppierungen so gestaltet, daß es nicht zum Vorteil Deutschlands, sondern zum Vorteil derjenigen Nationen oder derjenigen Regierungen gereicht, die ihren Vertretern die fraglichen Mitteilungen machten. Wenn wir sie dahingegen von unserer Regierung bekommen, gestalten sie sich natürlich so, wie sie nach innen und nach außen hin sich am vorteilhaftesten für unsere Regierung ausnehmen. Es scheint mir also im Interesse der Bundesregierung selbst zu liegen, uns derartige Aufschlüsse in der von ihrem Vertreter beliebten Anordnung mitzuteilen."

Nach der Bemerkung, daß „es auch ein bedeutendes historisches Interesse habe, eine solche Denkschrift zu erhalten, weil danach ja die Zeitgeschichte geschrieben werde“ [1]), führte Reichensperger „noch ein anderes für seinen Wunsch sprechendes Moment“ an, über das er sich folgendermaßen ausließ: „Mehr als einmal haben wir gehört, daß wir in der Politik Dilettanten seien, nämlich was die auswärtige Politik betrifft; und ich für meine Person gestehe zu, daß dies vollkommen richtig ist. Ich glaube nun, es gäbe doch kein besseres Mittel, uns auf besagtem Gebiete allmählich, wenigstens einigermaßen zu orientieren, in das Wesen und den Gang der großen Politik, in die auswärtigen Verhältnisse uns einen gewissen Einblick zu gewähren, als wenn wir uns an solchen Denkschriften heranbilden könnten, wenn wir sähen, wie die großen Geschäfte der Nationen in bezug auf ihre Wechselbeziehungen von seiten der Bundesregierungen, namentlich von seiten ihres so hervorragenden Chefs geführt werden. Ich gebe bereitwilligst zu, daß man dadurch nicht zum Diplomaten sich heranbilden kann, am wenigsten zu einem Botschafter; dazu gehören ganz besondere Fertigkeiten und Naturanlagen, die nur sehr wenigen Sterblichen hiernieden gegeben sind; unterrichtend ist es aber jedenfalls für uns, und wir werden jedenfalls die gegenwärtige Politik viel besser verstehen, wenn uns ein Einblick in die Vorkommnisse der jüngst vergangenen Zeit gewährt wird, soweit es abgeschlossene Tatsachen, nicht mehr schwebende Verhandlungen anbelangt [2]).“

Reichenspergers Wunsch erschien ihm selbst „so natürlich, so sehr innerlich begründet“, daß es ihm fast befremdlich vorkam, daß er der erste war, der in formeller Weise den gedachten Wunsch an das Auswärtige Amt richtete. Er schloß mit dem Ausdruck der Hoffnung, „daß dem nächsten Reichstag derartige Denkschriften mitgeteilt würden.“

Das Zentrum bekundete seine Zustimmung zu den Darlegungen seines Führers. Die Regierung schwieg.

[1]) Vgl. den dritten Anhang „Farbbücher als Geschichtsquellen“, S. 212 ff.

[2]) RB 1876, 2, 809.

Beachtenswert ist, daß unter den Gründen, die Reichensperger zu seiner Anregung bestimmten, der Gesichtspunkt einer parlamentarischen Kontrolle der Außenpolitik völlig fehlt. Überhaupt durchklingt die ganze Rede ein leiser Unterton bescheidener Zurückhaltung, unter deren Einfluß z. B. unbedenklich zugegeben wird, daß man von der auswärtigen Politik so gut wie nichts verstehe.

Am 11. April 1878 griff Reichensperger bei der Generaldiskussion über den Reichshaushalt von neuem das Blaubuchthema auf, das vorher auch der Abgeordnete Windthorst [1]) bereits einmal gestreift hatte, und zwar am 19. Februar desselben Jahres, als Mitglieder der konservativen und liberalen Parteien die Regierung über die politische Lage im Orient interpelliert hatten. Nachdem Bennigsen die Interpellation begründet und Bismarck sie in einer großen Rede über die orientalische Frage und die Haltung des Deutschen Reichs in dieser Frage beantwortet hatte, konstatierte Windthorst zunächst „seine große Befriedigung darüber, daß dieses Mal über die auswärtigen Angelegenheiten eine Interpellation eingereicht sei von denjenigen Parteien, welche bisher gewohnt waren, zu behaupten, daß die auswärtigen Angelegenheiten ein noli me tangere seien.“ Er hob rühmend hervor, welch ein großer Fortschritt in dem jetzt zwischen allen Parteien und der maßgebenden Stelle erzielten Einverständnis liege, „daß im deutschen Parlament auch die auswärtigen Angelegenheiten traktiert werden dürfen.“

Zur Sache selbst vermißte Windthorst die Vorlage von diplomatischen Aktenstücken, die den Reichstag in den Stand gesetzt hätten, sich ein authentisches Urteil über die deutsche Orientpolitik zu bilden. „Ich leugne nicht“, sagte er, „daß meine Empfindung nicht angenehm berührt wurde, als wir von dem Herrn Reichskanzler hörten, wir würden wohl aus den Mitteilungen an das englische Parlament die

[1]) Ludwig Windthorst, 1812—1891. ADB 55, 97 ff.

Lage der Dinge, wie sie jetzt sei, kennen, oder doch sonst aus öffentlichen Blättern darüber unterrichtet sein. Nach meinem unmaßgeblichen Dafürhalten muß eine Versammlung, wie der Deutsche Reichstag es ist, seine Informationen über Gegenstände, die doch nun anerkanntermaßen zu seiner Kompetenz gehören, nicht aus den Zeitungen entnehmen und auch nicht aus den Verhandlungen in anderen Parlamenten. Der Reichstag muß vielmehr seine Information nehmen aus denjenigen Mitteilungen, welche die eigene Reichsregierung gibt. Die erste Mitteilung, welche wir nach dem Ausbruch des Kriegs bekommen, liegt lediglich in den Äußerungen, welche der Herr Reichskanzler heute abzugeben die Güte gehabt hat. Keiner von uns wird verkennen, wie dankenswert diese Mitteilungen waren. Inzwischen sind sie doch mit den betreffenden Dokumenten nicht verbunden gewesen, und da man einmal auf das englische Parlament exemplifiziert hat, so glaube ich meinesteils die Ansicht aussprechen zu dürfen, daß das englische Parlament auf derartige bloß mündliche Äußerungen hin schwerlich seine Verhandlungen über eine so wichtige Frage zum Abschluß gebracht haben würde."

Der Reichskanzler erwiderte auf diesen Punkt folgendes: „Der Herr Vorredner hat sein Mißvergnügen darüber zu erkennen gegeben, daß die Verhandlungen hier nicht vollständig vorgelegt seien. Nun, meine Herren, die Hauptverhandlungen stehen noch bevor. Wir werden wahrscheinlich über die Konferenz, wenn Sie es wünschen, Ihnen umständliche Vorlagen, nachdem sie verhandelt haben wird, machen können. Wir machen aus unserer Politik ja niemals ein Geheimnis, und wenn die Interpellationen in diesem Raume über die Politik so selten gewesen sind, so ist das einmal ein Beweis persönlichen Vertrauens, welches man mir geschenkt hat, (sehr richtig!) und zweitens ein Beweis, daß zwischen der Politik, wie sie geführt ist und der Ansicht der Mehrheit der Landesvertretung volle Übereinstimmung geherrscht hat, die zu einer Dissonanz keinen Anlaß gegeben hat.“ (Sehr richtig!)

Am Schluß der Debatte kam noch der deutschkonservative Abgeordnete von Helldorf [1]) zum Wort und bekannte im Hinblick auf die Äußerungen des Abgeordneten Windthorst, daß die Liebe seiner Partei „für weitschichtige Erörterungen auswärtiger Angelegenheiten hier im Hause auch heute nicht gewachsen sei. Wir sprechen hier in der Regel in einer Lage, in der wir selbst, die Redner, nicht ganz vollständig informiert sind und nicht werden können, in der es kaum wünschenswert ist, alles dasjenige zu sagen, was man sagen könnte. Es sind ja Fälle möglich, wo es sich darum handelt, die Stellung der Versammlung zur auswärtigen Politik festzustellen, zu konstatieren, ob die Nation mit ihren Sympathien, mit ihrer Opferwilligkeit hinter der auswärtigen Aktion des Reichs steht. Kommen solche Zeiten . . . so bin ich dessen sicher, so werden wir hier in dieser Versammlung nur Männer, von gleichem Patriotismus erfüllt, aber keine Parteien mehr haben.“

„Derselbe Herr Redner (Windthorst) glaubte annehmen zu müssen, daß wir, abweichend von unserer früher vertretenen Überzeugung, gegenwärtig mit anderen darüber einig seien, daß die auswärtige Politik nicht mehr ein noli me tangere für uns bleiben soll. Ich kann ihm nur versichern, daß wir unsere Ansicht nicht geändert haben und die Vorliebe für die englischen Blaubücher keineswegs teilen [2]).

Wir kehren zu Reichensperger zurück. Seine zweite Blaubuchrede war auf einen etwas dringlicheren Ton gestimmt als die erste vom 15. Dezember 1876. Er unterstrich, sein damals geäußerter Wunsch, es möge dem Reichstag „ein sogenanntes Farbenbuch“ vorgelegt werden, sei bis jetzt unerfüllt geblieben. Er würde auch kaum noch

---

[1]) Otto Heinrich von Helldorf-Bedra, 1833—1908. Arnim und Below: Deutscher Aufstieg, 243 ff.

[2]) RB 1878, 1, 101, 102, 104, 115; Bi 7, 80 ff. — Vgl. Albers: Reichstag und Außenpolitik, 131 ff.

einmal darauf zurückkommen, „wenn nicht mittlerweile die Umstände, wie ihm scheine, sich sehr zur Bekräftigung dieses seines Wunsches geändert hätten." „Ich enthalte mich", fuhr Reichensperger fort, „ausführlich zu motivieren, weshalb ein solches Farbenbuch für den Reichstag, wenn nicht zu seiner Orientierung absolut notwendig, so doch jedenfalls im höchsten Maß interessant sein würde."

„Ich glaube, daß sogar eine gewisse Rücksicht der Kurtoisie es erfordern würde, dem Reichstag nicht vorzuenthalten, was alle anderen größeren gesetzgebenden Versammlungen, wie schon bemerkt, bekommen. Aber es liegen auch praktisch wichtige Momente vor, welche für diesen meinen Wunsch in die Wagschale fallen. Wir vernehmen den Gang unserer auswärtigen Angelegenheiten nur durch die Zeitungsblätter oder durch die Farbenbücher anderer Staaten. Daß diese letzteren nicht im Sinn der hiesigen Leitung der auswärtigen Angelegenheiten, sondern im Interesse der betreffenden Staaten angefertigt, redigiert werden, das, glaube ich, versteht sich von selbst. Wir vernehmen also alles, was sich auf dem Gebiet der auswärtigen Angelegenheiten begibt, aus parteiischem Mund, von Federn, welche weit entfernt sind, die Geschäfte des Deutschen Reichs machen oder fördern zu wollen; das muß natürlich unser Urteil im hohen Grad befangen machen. Vielleicht kommt es daher, wenn wir etwa in bezug auf Vorgänge auf dem Gebiet der auswärtigen Politik ungünstiger, als recht ist, wenn wir sie falsch beurteilen sollten."

Mit einigen Worten ging Reichensperger auch auf Twestens Anregung von 1869 ein, der damals in sehr dringender Weise auf demselben Verlangen bestanden habe. Wenn er dann aber hinzufügte: „Der Herr Bundeskanzler war keineswegs gewillt, demselben unbedingt zu widersprechen", so traf er mit dieser Bemerkung den Nagel nicht auf den Kopf. Bismarck hatte Twestens Vorschlägen nur scheinbar und nur ironisch zugestimmt, in Wirklichkeit war seine ganze Erwiderung eine einzige unbeugsame Ablehnung.

Weiterhin entwickelte Reichensperger noch einige besondere Gründe, die seiner Ansicht nach dafür sprachen, daß die Zeit für ein Blaubuch nun tatsächlich gekommen sei: „Zunächst sind auswärtige Angelegenheiten doch endlich einmal hier im Reichstag in umständlicher Weise besprochen worden, Sie erinnern sich der orientalischen Debatte, der Debatte über den russisch-türkischen Konflikt. Meine Herren, jeder wird doch sagen müssen, daß es im höchsten Grad unheimlich für uns war, gewissermaßen mit gleichen Füßen aus den Wolken heraus in diese so außerordentlich schwierige, hochwichtige Materie zu fallen. Hätten wir damals ein Farbenbuch gehabt, so wäre vieles aufgeklärt gewesen, was uns noch bis zu dieser Stunde hin dunkel geblieben ist."

Ferner meinte Reichensperger, die Situation habe sich auch insofern geändert, „als der Herr Reichskanzler dermalen nicht mehr mit so vielen Arbeiten überhäuft ist, wie es früherhin der Fall war. Sie haben das Stellvertretungsgesetz [1]) votiert; jetzt ist der Herr Reichskanzler also in der Lage, alle diejenigen Arbeiten, die ihm widerwärtig sind oder die ihn zu sehr belasten möchten, von sich ab anderen zuzuweisen; es wäre also nur nötig, daß er nach der Zusammenstellung eines Farbenbuchs einen Überblick darüber gewinne und dasjenige ausscheide, was ihm allenfalls für die Interessen des Reichs nachteilig oder als unangemessen erscheinen möchte."

Schließlich erklärte Reichensperger mit allem Nachdruck: „Wenn wir nicht geradezu darauf verzichten wollen, jemals wieder über auswärtige Angelegenheiten hier Beschlüsse zu fassen oder uns eingehend vernehmen zu lassen, — wenn wir darauf nicht verzichten wollen, sage ich, so müssen wir ausführlichere, eingehendere Aufklärung vom Auswärtigen Amt her erhalten, als es bis jetzt der Fall gewesen ist.

[1]) Reichsgesetz, betreffend die Stellvertretung des Reichskanzlers vom 17. März 1878. (Eppstein-Bornhak, Bismarcks Staatsrecht. 2. Aufl., 398 ff.)

Sonst wäre es allerdings besser, daß der Reichstag schlechthin erklärte, die auswärtige Angelegenheit ginge ihn nur insofern etwas an, als wir das dafür geforderte Geld unbesehen zu bewilligen haben. Meine Herren, wollen Sie etwas mehr sein, als bloße Jasager, bloße Geldbewilliger, so müssen Sie mehr Material bekommen, Sie müssen ein möglichst vollständiges Material über die auswärtigen Angelegenheiten bekommen . . . Ich darf wohl hoffen, daß jetzt unter den obwaltenden, wie angegeben, wesentlich veränderten Verhältnissen nicht länger eingehende Denkschriften über den Gang der auswärtigen Angelegenheiten vorenthalten werden. Ich glaube, daß wir es uns schuldig sind, darauf zu bestehen. Dermalen enthalte ich mich, einen Antrag zu stellen. Sollten aber wir auch in alle Zukunft gewissermaßen in betreff der auswärtigen Angelegenheiten nur die Rolle von Statisten zu spielen bekommen, so würde ich mich veranlaßt sehen, einen Antrag zu stellen, möge dann dessen Schicksal werden, welches es immer wolle [1]."

Die eindrucksvollen Ausführungen Reichenspergers blieben nicht ohne Wirkung auf das Haus. Das zeigte sich in der lebhaften Debatte, die sich sofort über den Gegenstand entspann. Der Abgeordnete Richter (Hagen) [2]) legte das Hauptgewicht weniger auf die Veröffentlichung eines Farbenbuches als vielmehr darauf, von dem Reichskanzler eine beruhigende und erfreuliche Erklärung über die Gestaltung der deutschen auswärtigen Beziehungen zu erhalten. „Auf die Form, ob Blaubuch und dergleichen" käme es ihm weniger an.

Auf Widerspruch stieß Reichensperger bei dem freikonservativen Grafen von Frankenberg [3]), der seine ent-

1) RB 1878, 2, 888/89.

2) Eugen Richter, 1838—1906. Biographisches Jahrbuch. Hrsg. von A. Bettelheim. 13, 281—304 (F. Rachfahl).

3) Friedrich Ludwig Ernst Graf von Frankenberg und Ludwigsburg (Graf Fred Frankenberg), 1835—1897. ADB 48, 703 ff.; H. v. Poschinger, Bismarck-Portefeuille. 2, 165 ff.; Arnim und Below, Deutscher Aufstieg, 223 ff.

gegengesetzten Ansichten besonders in folgende Sätze kleidete: „Ich möchte meinerseits nicht unwidersprochen lassen, daß auf allen Seiten dieses hohen Hauses der Wunsch nach Vorlegung eines solchen Blaubuchs oder Farbenbuchs vorhanden wäre. Ich wünsche vielmehr dem Reichstag, daß ihm die Vorlage eines solchen Opus von 900 oder 1000 Seiten, wie sie der Herr Abgeordnete Reichensperger auf England hinweisend gewünscht hat, möglichst erspart bleibe. Ich wünsche dies wenigstens so lange, als die Politik in denjenigen Händen liegt, in denen sie jetzt zum Glück und zum Heil des Deutschen Reichs sehr sicher ruht. Meine Herren, ich frage Sie, was haben denn die Debatten in den europäischen Parlamenten irgendwie für Licht gebracht über die auswärtige Lage. . . Ich wage zu behaupten, daß die eine Debatte, welche der Deutsche Reichstag über die Orientfrage gehalten hat, mehr Licht in die ganze Sache, und namentlich mehr praktischen Nutzen und Erfolg gebracht hat, als alle die langwierigen Debatten, die in allen Parlamenten Europas gehalten wurden . . . Ich glaube, wir im Deutschen Reich haben viel wichtigere Sachen zu tun und viel brennendere Angelegenheiten zu erledigen, als akademische Unterhaltungen zu führen über die äußere Politik . . . Solange Fürst Bismarck an der Spitze der Geschäfte steht, sage ich: noli tangere circulos meos.“

Im Gegensatz hierzu fand Reichensperger warmes Verständnis für seine Pläne bei dem Abgeordneten Windthorst, der den Standpunkt des Grafen Frankenberg in keiner Weise gelten lassen wollte, indem er folgendes ausführte: „Der Herr Vorredner weist dem Reichstag mit Bezug auf die auswärtigen Angelegenheiten eine Stellung an, die nach meinem Dafürhalten vom Reichstag in keiner Art akzeptiert werden kann. (Sehr richtig!) Mag das Vertrauen zur Leitung der auswärtigen Angelegenheiten durch den Fürsten Bismarck noch so groß sein, so kann der Reichstag seinerseits darum doch nicht in irgendeiner Weise das Recht und die Pflicht verleugnen, einzuwirken auf den Gang der auswärtigen Angelegenheiten, und ich bin der Meinung, daß das Verlangen des Herrn Abgeordneten Reichensperger, daß wir ausgiebigere Mitteilungen bekommen, ein durchaus berechtigtes und der Würde des Hauses entsprechendes ist. (Sehr richtig.) Früher wurde vel quasi ein Zweifel erhoben, ob wir uns überhaupt in die auswärtigen Angelegenheiten zu mischen hätten; von meiner Seite und von seiten meiner Freunde haben wir einen solchen Zweifel nie gehabt, und haben, allerdings in der bescheidensten Form, von dem Recht und der Pflicht Gebrauch gemacht. Neuerlich ist zu meiner großen Befriedigung auch von den übrigen Parteien des Hauses, auch von der Partei des Herrn Vorredners, anerkannt worden, daß wir in den auswärtigen Angelegenheiten mitzusprechen ein Recht haben. Wie aber können wir mit Erfolg in diesen auswärtigen Angelegenheiten mitsprechen, wenn man uns die auf die Fragen, die im Gang sind, bezüglichen Dokumente nicht mitteilt?"

Windthorst war überzeugt, daß der von ihm für sich und seine Freunde erhobene Protest gegen die Richtlinien des Grafen Frankenberg „von dem ganzen Reichstag oder wenigstens von der großen Majorität desselben geteilt werde". „In diesem Protest", so schloß er, „soll keinerlei Mißtrauen gegen die Leitung der auswärtigen Angelegenheiten ausgesprochen werden. Wenn aber die Leitung der auswärtigen Angelegenheiten uns die Dokumente vorlegt über das, was sie getan hat, dann wird das Vertrauen zu ihr erst ein begründetes, ein nach genauer Einsicht in die Dinge gegebenes sein. Jetzt würde es, wenn wir dem Herrn Vorredner folgen wollten, lediglich ein blindes Vertrauen sein. Ein blindes Vertrauen aber kenne ich nicht."

Am 24. März 1878, also kurz vor Reichenspergers zweitem Eingreifen zugunsten deutscher Blaubücher, war dem Reichstag ein Weißbuch über den Streitfall mit Nicaragua vorgelegt worden [1]). Reichensperger hatte von dieser

1) Verzeichnis der Weißbücher. Nr. 3.

Tatsache merkwürdigerweise überhaupt keine Notiz genommen. Das veranlaßte schließlich noch den fortschrittlichen Abgeordneten Hänel [1]) zu folgender Bemerkung: „Es ist vorhin geklagt worden, daß wir über die europäische Kombination, welche in diesem Augenblick zu einer brennenden geworden ist, offizielle Nachrichten von seiten unserer eigenen Regierung absolut nicht besitzen. Ich will auf dieses Thema hier nicht eingehen. Ich würde es aber für unrecht halten, wenn wir nicht bemerkten, daß wir über einen anderen, allerdings untergeordneten Punkt, der immerhin zu einer Komplikation hätte führen können, sehr ausführliche und sehr dankenswerte Mitteilungen erhalten haben; ich meine die Denkschrift, welche uns über den Streit mit Nicaragua mitgeteilt worden ist [2])."

Einen dritten und letzten, allerdings nicht sehr energischen Versuch, den Reichskanzler zur Herausgabe von Blaubüchern zu bestimmen, machte Reichensperger am 8. März 1879 bei der Beratung über den Etat des Auswärtigen Amts. Er bedauerte die Abwesenheit des Reichskanzlers, da er beabsichtigte, die Frage, die er zu stellen habe, „zunächst und direkt an seine Person zu richten". Die Frage aber ging wiederum dahin, „ob es vielleicht jetzt an der Zeit sei, daß dem Reichstag vom Bundesrat ein sogenanntes Blaubuch mitgeteilt werden könne." Um nicht in den Verdacht der Schmeichelei zu verfallen, wolle er nicht näher hervorheben, „wie hochinteressant es für die weitesten Kreise sein würde und wie wichtig zugleich für unsere Zeitgeschichte, wenn wir Staatsschriften aus der Feder des Herrn Reichskanzlers oder selbst nur aus seiner Initiative hervorgegangen zu lesen bekämen." „Der Wunsch, dem er Ausdruck gäbe, habe auch gewiß nichts Exorbitantes, indem ja bekanntlich fast in allen anderen Staaten, welche sich einer Repräsentativverfassung erfreuten, diesem Wunsch wirklich entsprochen würde."

[1]) Albert Hänel, 1833–1918.

[2]) RB 1878, 2, 890, 894.

Abermals bezeugte Reichensperger, daß es nicht Mangel an Vertrauen zur Leitung der auswärtigen Angelegenheiten sei, der seinem Wunsche zugrunde liege. „Er fühle sich durchaus nicht berufen, in die große europäische Politik hineinzureden oder gar Ratschläge darin zu geben. Dahingegen müsse er seinerseits meinen, daß es mehr Mißtrauen in die Leitung der auswärtigen Angelegenheiten bekunde, wenn man Gewicht darauf lege, daß ja nichts von dem, was seitens unserer Regierung geschehe, oder doch möglichst wenig davon in die Öffentlichkeit komme. Ein solches Mißtrauen sei ihm fremd."

Diesmal erstand dem beharrlichen Vorkämpfer für die Blaubuchsache ein Helfer in der Person des Abgeordneten Hänel, der sich unter dem Beifall der Linken in bemerkenswerter Weise folgendermaßen äußerte: „Ich wünsche doch nicht, daß die Frage, die der Herr Abgeordnete Reichensperger angeregt hat, so einfach in den Brunnen fiele. Ich halte dafür, daß entweder eine große Gefälligkeit von seiten der widersprechenden Herren gegenüber dem Reichskanzler obwaltet oder aber ein geringes Studium von Blaubüchern, wenn sie behaupten, derartige Blaubücher seien ohne Wert. (Zuruf rechts.) Gewiß, meine Herren, eines von beiden! Denn, wer jemals englische Blaubücher, gerade auch in der auswärtigen Politik der jüngsten orientalischen Krisis wirklich studiert hat, muß zugestehen, daß darin eine Fundgrube von Kenntnissen, ein gewichtiges Material zur Beurteilung nicht nur der allgemeinen großen europäischen Konstellation, sondern insbesondere auch zur sachgemäßen Beurteilung von Spezialfragen, selbst von ethnographischen Fragen, wie sie gerade in der orientalischen Frage von so großer Bedeutung waren, aufgehäuft ist. Also jene wegwerfende Behandlung, mit welcher man diese Frage sehr häufig zu eliminieren versucht, ist absolut nicht an der Stelle. Man mag sich entschuldigen, daß wir in unserer parlamentarischen Entwicklung noch nicht so weit sind, daß die Vorlegung von Blaubüchern als etwas ganz Natürliches und Selbstverständliches erscheint;

allein rechtfertigen wird man diesen Zustand niemals, und daher kann auch ich mich nur dem Wunsch anschließen, daß auch für uns bald die Zeit gekommen ist, wo es als selbstverständlich gilt, daß uns über die auswärtige Politik die notwendige Grundlage der Kritik und Beurteilung gegeben wird [1]."

Am Bundesratstisch schwieg man auch jetzt wieder zu der Anregung des Abgeordneten Reichensperger. Ein gewisser Erfolg war ihr aber schließlich doch beschieden: dem am 22. Mai 1879 dem Reichstag vorgelegten Freundschaftsvertrag zwischen dem Reich und den Samoa-Inseln war „eine Denkschrift nebst Tabellen, Karten und Aktenstücken" beigefügt [2], die durchaus den Charakter eines „Blaubuchs" hatte und auch vom Reichstag als solches bewertet wurde. In der Debatte über den Vertrag, die am 13. Juni stattfand, knüpfte der Abgeordnete von Schorlemer-Alst [3] direkt an Reichensperger an und wies darauf hin, daß dieser „zu drei Malen verlangt habe, daß die diplomatischen Aktenstücke über bedeutsame politische Vorgänge, in Form eines Blaubuchs oder Grünbuchs, wie man es nennen wolle, dem Reichstage zur Kenntnis gebracht würden." Damals habe man dem Abgeordneten Reichensperger dauernd widersprochen, und auch die Regierung habe sich schweigend verhalten. Jetzt sähe man doch, „daß es mit der Veröffentlichung solcher diplomatischen Aktenstücke im vollsten Umfange gehe; denn er glaube, in dieser fehle nichts, was irgendwie vorgekommen sei." Im Hinblick auf den vorliegenden Einzelfall warnte er freilich gleichzeitig „vor der Hoffnung, daß man in Zukunft etwa in ähnlicher Weise verfahren würde," und bemerkte nicht ohne Spott: „Über eine so hochwichtige staatspolitische Angelegenheit, wie ein Freundschaftsvertrag mit Samoa,

[1] RB 1879, 1, 346/47.

[2] Verzeichnis der Weißbücher. Nr. 5.

[3] Burkard Freiherr von Schorlemer-Alst, 1825—1895. ADB 54, 158 ff.

uns alles mitzuteilen, das ging schon an und ergab sich aus diesem hochwichtigen Ereignis, — während kleinere politische Angelegenheiten, ich will einmal sagen, die früheren Kriege von 1866 und 1870/71 oder die orientalische Frage doch viel zu unbedeutend sind, als daß uns darüber in ähnlicher Weise oder analog in Zukunft solche ausführliche Bände zugehen würden [1]."

Die Skepsis des Abgeordneten von Schorlemer-Alst war nicht unberechtigt. Zwar brachte das zweite Jahrzehnt der Kanzlerschaft des Fürsten Bismarck die wichtige Reihe der deutschen Kolonialweißbücher. Im ganzen aber hielt sich die Zahl derartiger Veröffentlichungen auch unter den Nachfolgern Bismarcks in sehr engen Grenzen [2]. Auch die Reserve, die sich der Reichstag auf dem Gebiet der auswärtigen Politik auferlegte, zeigte ein auffallendes Beharrungsvermögen. Offenbar wirkte hier die Tradition der Bismarckzeit mit starkem Gewicht immer wieder nach.

Es berührt doch eigenartig, daß noch im Jahre 1896, als der Reichstag am 13. Februar bei Besprechung der Transvaalfrage ausnahmsweise einmal wieder eine außenpolitische Debatte erlebte, Stimmen in dem Sinne laut wurden, daß die Behandlung der auswärtigen Angelegenheiten im Parlament nur nachteilig wirken könne und daher besser zu unterlassen sei. So hörte man z. B. aus dem Munde des konservativen Freiherrn von Manteuffel [3]) folgenden Satz:

---

[1]) RB 1879, 2, 1606/1607.

[2]) Die Statistik der Weißbücher für den Zeitraum von 1870 bis 1914 ergibt: 24 Jahre, also die größere Hälfte, ohne Weißbuch, 15 Jahre mit je einem, 3 Jahre mit je zwei und ebenfalls 3 Jahre mit je drei selbständigen Weißbüchern, wobei zu beachten ist, daß sich unter den hier mitgezählten Weißbüchern mehrere von überwiegend wirtschaftspolitischem Charakter befinden. Die 3 Jahre mit je drei Weißbüchern — der überhaupt innerhalb eines Jahres erreichten Höchstzahl — fallen trotz der grundsätzlichen Abneigung Bismarcks gegen Blaubücher in seine Zeit!

[3]) Otto Karl Gottlob Freiherr von Manteuffel-Crossen, 1844 —1913. Arnim und Below: Deutscher Aufstieg, 247 ff.

„Eine Debatte über auswärtige Politik im Reichstag wird nach meiner Überzeugung immer gewisse Schwierigkeiten haben, und deshalb ist es wohl geboten, daß nur in äußerst seltenen Fällen eine Körperschaft wie der Reichstag sich in die Angelegenheiten der äußeren Politik einmengt.“ Und Liebermann von Sonnenberg [1]) bezeugte, „er würde es nicht für eine glückliche Entwicklung halten, wenn es hier im Hause Brauch werden sollte, über auswärtige Politik öfter in gleicher Breite, wie heute, zu debattieren.“ „Es mag ja allerdings einen gewissen Kitzel dem einen oder dem anderen, der sich in seinen Mußestunden für einen großen Politiker hält, bereiten, wenn er hier alle seine Vaterlandsrettungspläne urbi et orbi erzählen kann; aber ich glaube, es würde sich schwerlich ein Minister finden, der die auswärtigen Geschäfte des Reichs zu leiten sich imstande fühlt, wenn er häufig solchen Reden ausgesetzt wäre, die wir heute von der Linken haben hören müssen.“ Damit zielte Liebermann von Sonnenberg auf die Reden der Abgeordneten Richter, Bebel und Haußmann hin, die hervorgehoben hatten, wie nützlich eine freimütige Besprechung der auswärtigen Angelegenheiten in der Volksvertretung sei, wobei Bebel folgende Erklärung abgab: „Es ist selten der Fall, daß der Deutsche Reichstag einmal in die Lage gekommen ist, sich in größerem Maße über die auswärtige Politik auszulassen; und ich will hoffen, daß das Beispiel, was heut gegeben wurde, wiederkehren wird, daß man endlich einsieht, es sei Pflicht und gebiete die Ehre des Reichstags, sich auch um die auswärtigen Angelegenheiten zu kümmern. Was an uns liegt, wird jedenfalls geschehen, um dieses Beispiel möglichst häufig wiederkehren zu lassen [2]).“

Im nächsten Jahre, am 22. Februar 1897, bemängelte der nationalliberale Abgeordnete Hasse [3]) beim Etat des

---

[1]) Max Liebermann von Sonnenberg, 1848–1911, Mitbegründer der Deutschsozialen Partei. Arnim und Below: Deutscher Aufstieg, 315 ff.

[2]) RB 1895/97, 2, 932, 933, 938, 945, 948.

[3]) Ernst Hasse, 1846–1908.

Auswärtigen Amts, daß die Zurückhaltung des Reichstags in Fragen der auswärtigen Politik eine so überaus große sei. „Ob sie an sich berechtigt sei oder nicht, wolle er dahingestellt sein lassen; er meine aber, soweit dürfe die Zurückhaltung nicht gehen, die Ereignisse des Augenblicks vollständig mit Stillschweigen zu behandeln und von dem keine Kenntnis zu nehmen, was das ganze deutsche Volk außerhalb des Reichstags auf das lebhafteste bewege [1].“ In seiner Erwiderung auf die Rede des Abgeordneten Hasse erklärte der Staatssekretär des Auswärtigen Amts, Freiherr von Marschall, er müsse im Augenblick darauf verzichten, den Reichstag durch eingehende Mitteilungen über die brennende kretische Frage näher zu unterrichten [2]).

Auch in dem folgenden Jahrzehnt von 1897 bis 1907 trat in dem Verhältnis des Reichstags zu den auswärtigen Angelegenheiten keine wesentliche Änderung ein. Im Grunde blieb alles beim alten. Als einziges Weißbuch von einiger Bedeutung wurden am 9. Januar 1906 die „Aktenstücke über Marokko“ vorgelegt [3]). Allmählich empfand man diesen Zustand allgemein als unhaltbar, zumal unter dem Druck der Erkenntnis, der sich niemand verschließen konnte, daß die weltpolitische Lage Deutschlands sich von Jahr zu Jahr erheblich verschlechterte [4]). Dieser Druck lastete umso schwerer, weil es wegen des Mangels an amtlichen Quellen nicht möglich war, mit klarem Blick in die außenpolitischen Vorgänge einzudringen. Alle diese Gefühle der Besorgnis und Unzufriedenheit, die auch die der Reichsregierung ergebenen Kreise ergriffen hatten, verdichteten sich schließlich zu dem

---

1) Es handelte sich um die Kretawirren. Am 21. Februar 1897 war der deutsche Kreuzer „Kaiserin Augusta“ vor Kanea eingetroffen, um sich an der durch den Konflikt zwischen Griechenland und der Türkei veranlaßten Aktion der Großmächte zu beteiligen.

2) RB 1895/97, 7, 4852, 4854.

3) Verzeichnis der Weißbücher. Nr. 42.

4) Vgl. Friedrich Stieve: Deutschland und Europa 1890–1914, Berlin 1926, S. 69 ff.

Antrag des Zentrumsabgeordneten Grafen von Hompesch [1]) vom 27. April 1907, „den Herrn Reichskanzler zu ersuchen, dem Reichstage periodisch über die internationalen Beziehungen des Deutschen Reichs urkundliches Material zugehen zu lassen“ [2]). Nichts wirft ein helleres Licht auf die unendlich langsame, immer wieder gehemmte Entwicklung der Blaubuchfrage im Reichstag, als diese Tatsache, daß noch dreißig Jahre nach den bekannten Anregungen des Abgeordneten Reichensperger ein derartiger Antrag sich als notwendig erwies. Seine Beratung erfolgte in breitestem Rahmen am 30. April und 1. Mai 1907, auch dies ein Zeichen für die außerordentliche Bedeutung, die man der Sache auf allen Seiten beilegte [3]).

Gleich der erste Redner, Freiherr von Hertling [4]), bemühte sich, den Kernpunkt des Problems scharf ins Licht zu rücken: auf der einen Seite die allgemeine Unkenntnis auf dem Gebiet der auswärtigen Politik und demgegenüber die gebieterische Pflicht, diese verhängnisvolle Erscheinung auf jede Weise zu beseitigen. „Unser deutsches Volk“, so begann er seine von staatsmännischem Geist getragenen Ausführungen, „das nach Anlage, nach Gewohnheit, nach historischer Entwicklung, nach Neigung jederzeit lediglich bestrebt ist, auf allen Gebieten der Kultur sich friedlicher Arbeit hinzugeben, sieht sich seit Wochen und Monaten beunruhigt durch unkontrollierbare Gerüchte, durch pessimistische Zeitungserörterungen, durch Andeutungen, als ob eine unmittelbare Gefahr uns bedrohe. Und der Einfluß derartiger Nachrichten und Erörterungen ist umso größer, als in sehr weiten Kreisen eine mehr oder minder vollständige Unbekanntschaft mit den Verhältnissen der auswärtigen Politik zu bestehen pflegt“.

[1]) Alfred Graf von Hompesch, 1826–1909. Biographisches Jahrbuch. Hrsg. von A. Bettelheim. 14, 316.

[2]) RA 241, S. 1988, Nr. 359.

[3]) RB 228, 1233, 1234, 1241, 1247, 1249, 1252–1254, 1258, 1261, 1262.

[4]) Georg Freiherr von Hertling, 1843–1919.

„Auch wir Abgeordnete sind ja in der Regel nicht in der Lage, aus eigenem Wissen über diese Verhältnisse hier zu sprechen. Auch wir haben, wenn wir diese Themata hier berühren, jederzeit das Gefühl, daß wir uns auf diesem Boden nur tastend bewegen können, und daß uns die feste Unterlage zu eigener Beurteilung fehlt."

„Ich halte das nicht für einen befriedigenden Zustand."

„Ich bin vielmehr der Meinung, daß es sehr nützlich wäre, wenn der Deutsche Reichstag sich öfter, als es bisher der Fall war, mit den Fragen der auswärtigen Politik beschäftigen würde. Ich meine, daß wir dadurch, namentlich wenn uns authentisches Material von den maßgebenden Kreisen hierzu geliefert würde, über den jetzigen unbefriedigenden Zustand einigermaßen hinauskommen könnten ...."

„Nun würden sich ja derartige Mitteilungen selbstverständlich nur auf Dinge beziehen können, die als abgeschlossen hinter uns lägen. Aber auch das würde ich für wichtig genug halten; wir würden dann doch in der Lage sein, uns wenigstens darüber ausreichend zu unterrichten, wie die Dinge wirklich geschehen sind, wie die Gruppierung der Mächte war, welche Stellung Deutschland eingenommen hat, in welcher Weise die Lösungen etwaiger Schwierigkeiten gesucht und gefunden wurden; wir würden vielleicht dann auch über unsere Vertretung im Auslande in besserer Weise unterrichtet sein, als wir es bisher sind."

„Ich würde dann weiterhin annehmen, daß, wenn wir uns des öfteren über die Fragen der auswärtigen Politik zu unterhalten in der Lage wären, dann ja auch die Persönlichkeiten, die den Dingen berufsmäßig nahestehen, uns die erforderlichen Auskünfte geben könnten und geben würden, sodaß wir auch unsererseits in der Lage wären, besser als bisher selbständig diesen Fragen gegenüber Stellung zu nehmen. Und eine öftere Beschäftigung des Deutschen Reichstags mit den Fragen der auswärtigen Politik würde meines Erachtens noch einen anderen und sehr großen Vorteil haben: eine solche öftere Besprechung der auswärtigen Politik im deutschen Parlament würde dazu beitragen, durchaus irrige Anschauungen im Ausland zu berichtigen."

Auch der Abgeordnete Bassermann sprach sein Bedauern darüber aus, daß die Reichstagsmitglieder für die auswärtigen Angelegenheiten in der Hauptsache auf Zeitungsnachrichten angewiesen seien, und daß ihnen amtliches Material nur in sehr geringem Umfange zugänglich gemacht werde, während es sehr wohl möglich sei, „in Weiß- oder Blaubüchern", wie es bei anderen Nationen der Fall sei, das amtliche Material, wenigstens mit Auswahl, dem Reichstag zur Verfügung zu stellen.

Sodann erinnerte der Vertreter der Reichspartei, Fürst von Hatzfeldt [1]), daran, daß die auswärtige Politik im Reichstag früher nur selten berührt wurde, weil sie, von Bismarck geleitet, keine näheren Erörterungen erforderte. „Es war die Zeit, als im ganzen Lande, wie innerhalb der politischen Parteien, auch derjenigen, welche in der inneren Politik in einem schroffen Gegensatz zu dem Fürsten Bismarck standen, das unbedingte Vertrauen herrschte, daß der Mann, der am Steuer des Reichsschiffes stand, demselben den richtigen Kurs weisen, und daß er die Klippen, welche den Frieden etwa bedrohen könnten, glücklich umschiffen werde. Auch damals fehlte es nicht an kritischen Perioden ... Aber das Vertrauen war vorhanden, und es war in erster Linie begründet auf die Erfolge."

Die Schuld an dem allgemeinen Unbehagen im Hinblick auf Deutschlands außenpolitische Lage schob Fürst Hatzfeldt zum großen Teil der Presse zu, während er der Regierung sein volles Vertrauen aussprach und im Namen seiner politischen Freunde versicherte, daß die Leitung der auswärtigen Politik auch gegenwärtig „in geübten und bewährten Händen" ruhe.

Wesentlich kritischer äußerte sich unter wiederholter

---

[1]) Hermann Fürst von Hatzfeldt, Herzog zu Trachenberg, geboren 1848. Vgl. Reichstags-Handbuch 1907, 275.

Zustimmung der Linken der Abgeordnete Wiemer [1]). Auch seine Partei würde es begrüßen, wenn der Reichskanzler „über die gegenwärtige Lage auf dem Gebiete der auswärtigen Politik authentische Mitteilungen machen würde". Im übrigen halte das deutsche Parlament es für seine Aufgabe, „mit klarem und offenem Blick die gegebenen Verhältnisse zu würdigen und danach seine Haltung einzurichten". „Das wird umso besser geschehen können, wenn wir über die tatsächlichen Vorgänge besser als bisher unterrichtet werden." Die Mitwirkung des Parlaments auch in Fragen der auswärtigen Politik müsse gestärkt werden. „Dazu ist aber erforderlich, daß wir auch mehr als bisher Kenntnis von den Tatsachen erhalten. Meine Freunde sind deshalb geneigt, dem Antrage des Zentrums zuzustimmen. Wir fassen ihn nicht so auf, als ob über alle Vorgänge auf auswärtigem Gebiet dem Reichstage das aktenmäßige Material vorgelegt werden soll. Das würde natürlich nicht gehen. Ein erheblicher Teil dieser aktenmäßigen Unterlagen wird vertraulich behandelt werden müssen. Es würde zu erwägen sein, ob nicht vielleicht der Budgetkommission auch etwas mehr von vertraulichen Dingen Kenntnis gegeben werden kann, als es bisher der Fall gewesen ist. Jedenfalls aber sollte in regelmäßiger Wiederkehr in Form von Weißbüchern, wie es in anderen Staaten der Fall ist, uns etwas reichlicheres urkundliches Material zur Verfügung gestellt werden, damit wir die Vorgänge auf auswärtigem Gebiet besser beurteilen können. Geheimniskrämerei ist in diesen Fragen der zur Mitwirkung berufenen Volksvertretung gegenüber nicht am Platze. Eine bessere Information würde die parlamentarische Mitarbeit erleichtern, würde das Vertrauen zwischen der Volksvertretung und der Regierung kräftigen und nicht zuletzt dazu beitragen, unbegründeten Besorgnissen entgegenzuwirken."

Die Reichsregierung lehnte den Antrag Hompesch ab.

[1]) Otto Wiemer, geboren 1868, Freisinnige Volkspartei (jetzt Deutsche Volkspartei). Vgl. Handbuch für den Preußischen Landtag. 1925, 338.

Der Reichskanzler Fürst Bülow hielt zwar den Wunsch des Reichstags, „über Gang und Stand unserer auswärtigen Politik unterrichtet zu werden, für durchaus berechtigt“ „Wenn der Antrag Hompesch und Genossen sich auf diese Forderung beschränkte“, erklärte Fürst Bülow, „so würde ich ihm nicht widersprechen, sondern gern eine entgegenkommende Erklärung abgeben. Der Antrag fordert aber mehr. Er verlangt, daß dem Reichstag periodisch über die internationalen Beziehungen des Deutschen Reichs urkundliches Material unterbreitet werde. Dieser Forderung muß ich widersprechen, und zwar aus schwerwiegenden Gründen. Dieser Antrag enthält ein Verlangen, das auch in anderen Ländern, auch in rein demokratischen oder ganz parlamentarisch regierten Staaten nicht gestellt, geschweige denn erfüllt wird; denn seine Erfüllung würde die salus publica gefährden... Die Führung der auswärtigen Geschäfte ist ein delikates Metier, da kann die Verantwortung sehr schwer geteilt werden, da müssen die Entscheidungen und Entschlüsse derjenigen Stelle vorbehalten bleiben, die über alle Einzelheiten informiert ist, der das ganze Material zur Verfügung steht, die in der Lage ist, sich über jedes Detail zu orientieren. Ich werde bestrebt sein, den Wünschen, den berechtigten Wünschen der Volksvertretung nach Klarheit auf dem Gebiete der auswärtigen Politik auch ferner zu entsprechen; ich kann mich aber nicht einer Verpflichtung unterwerfen, deren Erfüllung Unzuträglichkeiten für das Land zur Folge haben könnte.“

„Gewiß gibt es Zeiten und gibt es Umstände, wo eine Flucht in die Öffentlichkeit notwendig, wo sie wenigstens unbedenklich ist. Aber es gibt auch Zeiten und Umstände, wo durch jedes vorzeitige, unvorsichtige Wort Schaden entstehen und dem Lande Nachteile zugefügt werden können“ [1]).

Zustimmung fand der Antrag Hompesch bei der Sozial-

---

[1]) Vgl. Fürst Bülows Reden. Bd. 3. Hrsg. von Otto Hötzsch. Berlin 1909. S. 36/37.

demokratie. Ihr Redner, der Abgeordnete von Vollmar [1]), machte dazu folgende Ausführungen: „Die Sozialdemokratie hat lange Zeit allein in diesem Hause den Gedanken und die Forderung vertreten, daß der Reichstag sich mehr mit der auswärtigen Politik befassen solle und sie endlich wie jedes andere Parlament seinem Einfluß unterwerfen solle. Aber lange ist dieser Gedanke hier auf Widerstand und Hohn gestoßen. Die Mehrheit dieses Hauses hat lange Zeit hindurch immer den Versicherungen der Regierungen geglaubt, daß alles in schönster Ordnung und so für uns keine Veranlassung gegeben sei, in das Mysterium der Diplomatie einzudringen, das von gewöhnlichen Augen unverständlich angesehen wurde. Diejenigen, die so gehandelt haben, tragen aber die Mitschuld daran, daß die Dinge in der Weise sich entwickelt haben, wie es jetzt beklagt wird.“ Zum Schluß bemerkte Herr von Vollmar, „daß mit der Annahme des Antrages Hompesch an sich noch sehr wenig getan sein werde“. Wenn man wirklich etwas erreichen wolle, „wird es vielmehr notwendig sein, daß der Reichstag auch den ernsten Willen zur Durchführung dieser Resolution faßt und seine Macht dahintersetzt!“

Der Abgeordnete Liebermann von Sonnenberg stellte sich bezüglich des Antrages Hompesch auf die Seite der Regierung. Sein Urteil lautete: „Wir verschließen uns der Erkenntnis nicht, daß die Forderung nach periodischer Vorlage amtlicher Aktenstücke nicht erfüllbar ist. Als heute von Weißbüchern, Gelb- und Blaubüchern gesprochen wurde, glaubte ich in den Zügen des Herrn Reichskanzlers ein leises Lächeln spielen zu sehen. Er weiß Bescheid, was es mit solchen Weißbüchern auf sich hat: man bekommt doch nur zu lesen, was mitgeteilt werden kann, und daß man nicht alles mitteilen kann über die Beziehungen zu auswärtigen Staaten, liegt auf der Hand; es sind zum Teil fremde Geheimnisse, die man nicht preisgeben kann.... Es ist schlechterdings unmöglich, in der auswärtigen Politik fortgesetzt die

[1]) Georg von Vollmar, 1850–1922. Vgl. Reichstags-Handbuch 1907, 391.

Karten aufzudecken, und Weißbücher sind meist nur ein Spielzeug für politische Kinder."

Völlig entgegengesetzter Meinung war der Abgeordnete Schrader [1]), den die freisinnige Vereinigung als zweiten Redner mit der Darlegung ihres Standpunktes beauftragt hatte. Er wies auf England hin, wo die Regierung in viel ausgedehnterem Maße dafür sorge, „daß nicht nur über die streitigen Fragen, sondern über die Verhältnisse in anderen Ländern überhaupt durch offizielle Berichte das Inland fortwährend benachrichtigt wird". Den Antrag Hompesch deutete er dahin, daß er nicht das Verlangen in sich schließe, dem Reichstag über jede Phase der auswärtigen Politik Auskunft zu geben. Das sei unmöglich. Über sehr vieles aber könne Auskunft gegeben werden, und daß das häufiger geschehe, als bis jetzt, das sei der Wunsch aller.

Die Deutsche Reformpartei ließ durch den Abgeordneten Zimmermann [2]) erklären, sie werde für die Resolution des Grafen Hompesch stimmen. „Denn wir sind der Meinung: andere Zeiten bringen auch andere Aufgaben. Unter Bismarck ist unser Volk verwöhnt worden. Was ein solches Genie in auswärtiger Politik getan und geleistet hat, das fand ohne weiteres die allgemeine Anerkennung. Vielleicht ist durch diese große Zeit der Reichstag mehr als billig ausgeschaltet worden und hat demgemäß alle Ursache, gegenwärtig darauf zu dringen, daß ihm über die internationalen Beziehungen Material zugeht, damit er seine Meinung dazu auch äußern kann."

Die Abstimmung über den Antrag Hompesch erfolgte erst am nächsten Tage (1. Mai 1907), nachdem zuvor noch der Zentrumsabgeordnete Spahn [3]) die Bedeutung des Antrages in längerer Rede auseinandergesetzt hatte. Auch er rief dem Reichstag wieder einmal den Fall Twesten ins Ge-

---

[1]) Karl Schrader, 1834–1913. Reichstags-Handbuch 1907, 361; Wentzcke: Deutscher Liberalismus. 2, 485.

[2]) Oswald Zimmermann, geboren 1859. Reichstags-Handbuch 1907, 410.

[3]) Peter Spahn, 1846–1925.

dächtnis zurück und vertrat dabei ebenso wie seinerzeit Reichensperger die irrtümliche Auffassung, als ob Fürst Bismarck sich damals mit der Veröffentlichung von Blaubüchern einverstanden erklärt habe. Zur Sache stellte er fest: „Wenn wir auch nur eine Summe von unschädlichem Material bekommen, so ist das für uns nicht wertlos. Wir sind dann mindestens der Mühe überhoben, daß wir uns das Material aus der Presse sammeln müssen, wenn wir es authentisch vorgelegt bekommen." Der Ausdruck „periodisch", an dem der Reichskanzler Anstoß genommen habe, brauche kein Hindernis zu bilden. Der Reichstag verlange durchaus nicht irgend einen Termin ein für allemal festzulegen, es solle vielmehr gänzlich der Regierung überlassen bleiben, den Zeitpunkt zu bestimmen, wann sie ihre Mitteilungen machen wolle. Am Schluß seiner Darlegungen betonte der Abgeordnete Spahn: „Wir erwarten, wenn die Resolution angenommen wird, daß die Ausführung in loyaler Weise erfolgt. Wir bleiben dann berechtigt, eventuell nach der Urkundenvorlage zu fragen; aber den Herrn Reichskanzler beschränken und hemmen, das wollen wir nicht, wir wollen entgegenkommen. Ich meine, der Ausdruck „periodisch" solle kein Grund zur Ablehnung für den Herrn Reichskanzler sein, und ich meine, auch das hohe Haus sollte an diesem Ausdruck keinen Anstand nehmen, sondern in seiner Gesamtheit der Resolution zustimmen" [1]).

Die Abstimmung ergab die Annahme des Antrages Hompesch. Einstweilen freilich behielt der Abgeordnete von Vollmar Recht mit seiner Ansicht, daß die Annahme an sich sehr wenig nütze, wenn nicht der Reichstag mit ernstem Willen

---

1) RB 228, 1298–1300. – Am 3. Juni 1907 brachte die Kreuzzeitung einen längeren Artikel über „Die internationalen Beziehungen des Reichs und das angebliche Recht des Reichstages auf periodische Vorlage von urkundlichem Material", der nachzuweisen versucht, daß der vom Reichstag angenommene Antrag des Grafen Hompesch in verfassungsrechtlicher Beziehung von unrichtigen Voraussetzungen ausgeht.

für die Durchführung sorge. Da die Regierung keinerlei Konsequenzen aus der Annahme der Resolution zog, sah sich der Abgeordnete Spahn am 28. November 1907 zu der Forderung veranlaßt, man möge endlich den Antrag Hompesch in die Wirklichkeit umsetzen und dem Reichstag gedruckte urkundliche Mitteilungen über die außenpolitischen Ereignisse zukommen lassen. „Machen wir uns doch bei der scharfen Kritik, die ja vielfach an unserer Weltpolitik geübt wird, daraus kein Hehl: Beachtung der auswärtigen Politik muß für den Reichstag und für jedes Mitglied des Reichstags eine seiner Hauptaufgaben sein.“ In demselben Sinne äußerte sich der Abgeordnete Bassermann. Fürst Bülow aber verharrte in seiner am nächsten Tage gehaltenen Rede auf seinem ablehnenden Standpunkt und verwies auf seine früheren Darlegungen, warum die Regierung sich in dieser Beziehung nicht einem Zwang oder auch nur einer regelmäßigen und periodischen Verpflichtung unterwerfen könne. „Eine solche obligatorische Veröffentlichung würde ein Material zutage fördern, das sich ganz an der Oberfläche hielte, oder sie könnte Anlaß werden zu Mißverständnissen, wenn nicht zu Verwicklungen.“ Andererseits erklärte der Reichskanzler von neuem, er habe immer das Verlangen des Reichstags nach Klarheit auf dem Gebiete der auswärtigen Politik für durchaus gerechtfertigt gehalten. Es solle auch weiter das Möglichste geschehen, um diesem Verlangen Rechnung zu tragen: nicht nur durch das, was von seiner Seite aus dargelegt werden könne. Er habe im Einverständnis mit dem neuen Herrn Staatssekretär des Äußern (Freiherr von Schoen) auch angeregt, daß dem Reichstage urkundliches Material über den Gang der auswärtigen Politik so weit vorgelegt werden solle, wie dies mit den Interessen unserer Politik irgendwie vereinbar sei. — Im Anschluß hieran erfolgte dann noch die Ankündigung des Weißbuchs über die Zweite Haager Friedenskonferenz [1]).

[1]) Verzeichnis der Weißbücher, Nr. 44. — Vgl. Fürst Bülows Reden. 3, 77.

Diese von einer gewissen Bereitwilligkeit zeugenden Äußerungen des Fürsten Bülow trugen ihm den Dank des Abgeordneten Wiemer ein. Keinen Dank zollte ihm ausdrücklich der Abgeordnete Liebermann von Sonnenberg und begründete diese Haltung mit den Worten: „Will man gesetzlich eine solche Vorlegung von Weißbüchern in gewissen Zeitabschnitten erzwingen, so wird der Inhalt auch darnach sein. Bekommt man sie aber freiwillig, so kann man sich zwar darüber freuen, aber übermäßig tiefe Einblicke in unsere große Politik wird man wohl auch daraus nicht gewinnen können. Und das mit Recht. Gerade in den wichtigsten, die Staatsinteressen am tiefsten berührenden Fragen wird Geheimhaltung, wird Verschwiegenheit meistens notwendig sein“ [1]).

Im folgenden Jahre erschien als einziges Weißbuch die zweite „Sammlung von Aktenstücken über Marokko“ [2]). Dieses dürftige Ergebnis der Bemühungen des Reichstags ließ die alte Weißbuchforderung von neuem aufleben. Gelegenheit dazu bot sich bei der großen Aussprache über die Daily Telegraph-Affäre [3]) am 11. November 1908, in deren Verlauf der Abgeordnete Haußmann bemerkte: „Daß wir regelmäßig Weißbücher bekommen sollten, um mehr teilzunehmen und als Kontrollfaktor empfunden zu werden, darf ich nicht unterlassen zu monieren.“

Ausführlicher beschäftigte sich damals der Abgeordnete von Dirksen (Reichspartei) [4]) mit dem schon so oft vom Hause geäußerten Wunsch „auf Vermehrung der Weißbücher“. „Wir sind“, sagte er, „in dieser Beziehung ein ziemlich vernachlässigtes, ein stiefmütterlich behandeltes Parlament. Ich weiß sehr wohl — dazu war ich zu lange in

---

[1]) RB 229, 1873, 1887, 1922/23, 1934, 1939.

[2]) Verzeichnis der Weißbücher. Nr. 45.

[3]) Vgl. Schulthess' Europäischer Geschichtskalender. N. F. 24. 1908, 153 ff.; GrP 24, S. 165 ff.

[4]) Willy von Dirksen, geboren 1852. Von 1888—1903 im auswärtigen Dienst. Reichstags-Handbuch 1907, 239.

der Wilhelmstraße —, daß man über brennende politische Fragen wie die von Casablanca uns nicht binnen acht Tagen alle Dokumente im Druck vorlegen kann. Diese dürfen nur veröffentlicht werden mit Genehmigung der Regierung, von der sie ausgegangen sind, und dürfen die Sicherheit und den Nutzen des Vaterlandes nicht kompromittieren. Aber zwischen diesen Kautelen und zwischen der großen Sparsamkeit, mit der wir mit diplomatischen Schriftstücken bedacht werden, gibt es einen Mittelweg, und ich möchte den Herrn Staatssekretär respektive seinen Vertreter ersuchen, den mehrfach vom Parlament geäußerten Wünschen darin mehr entgegen zu kommen und uns mehr als bisher mit Weißbüchern zu versehen. Mag es auch pessimistisch angehaucht sein zu sagen, nur 10 Prozent der Reichstagsabgeordneten werde sie lesen, so sind das doch gerade die, die sich für die Sache interessieren und daraus die Belehrung schöpfen, die sie brauchen, um über ausländische Angelegenheiten mitsprechen zu können“ [1]).

Die Regierung verhielt sich passiv. Umso hartnäckiger bestand der Reichstag auf seinem Verlangen. Bereits vier Wochen später, am 10. Dezember 1908, kam der Abgeordnete Haußmann bei der Etatsdebatte erneut auf die Sache zurück: „Die kritische Lage der internationalen Beziehungen fordert eine kritische Beurteilung, teils hier im Plenum, weil in der Bevölkerung doch sehr viele sind, die die Besorgnisse, welche diese Lage einflößt, teilen und das Bewußtsein haben möchten, daß in dem Parlament diese Besorgnisse nicht unterdrückt werden. Dann aber namentlich wird diese kritische Beurteilung auch diesmal in der Kommission in intensiverer Weise als bisher zu erfolgen haben.“

„Es wird sich für die Kommission empfehlen, eine gesonderte Betrachtung der auswärtigen Angelegenheiten eintreten zu lassen, und wenn das nötig ist, kann es ja in vertraulicher Sitzung geschehen. Der Herr Reichskanzler wird

---

[1]) RB 233, 5423, 5436.

vielleicht im Interesse seines auswärtigen Ressorts die Güte haben, solchen Kommissionsverhandlungen beizuwohnen, und vielleicht hat er auch die Güte, Weißbücher über Marokko, vielleicht auch über die Balkanwirren uns vorzulegen. Wenn er der Kommission und dem Parlament nicht das authentische Material gibt, so möchte ich der Kommission empfehlen, daß sie sich ein paar Dutzend Blaubücher aus Paris kommen läßt, um aus diesen Dokumenten Anhaltspunkte für den Verlauf der diplomatischen Beziehungen und Verwicklungen zu finden."

Am folgenden Tage widmete der freisinnige Abgeordnete Heckscher [1]) der Weißbuchfrage eine sehr wirkungsvolle Betrachtung, aus der wir folgende Sätze hervorheben: „Es ist überaus charakteristisch, daß ein Mitglied dieses hohen Hauses, dem, glaube ich, alle Parteien, wenn er über auswärtige Dinge spricht, mit Freuden zuhören — ich meine den Abgeordneten v. Hertling —, seine Ausführungen damit zu beginnen pflegt, daß er im Grunde genommen über die auswärtige Politik nur wie irgend ein Mann sprechen könne, der die heimatliche Presse verfolge und hin und wieder auch die ausländischen Blätter lese. Das ist doch ein Zustand, der meinem Gefühl nach eines großen und politisch mündigen Volkes nicht würdig ist. Es muß da unsere Aufgabe sein, auf das schleunigste Wandel zu schaffen.... Es war charakteristisch, daß der Herr Reichskanzler — sicher mit vollem Recht — dem Herrn Kollegen Speck (Zentrum), als er eine irrige Bemerkung über die auswärtige Lage machte, entgegenhielt: Sie hätten nur einen Einblick in unsere Akten tun sollen. Darauf muß man einfach antworten: es möge doch dem Parlament in irgend einer geeigneten Form ein Einblick in die Akten gewährt werden! Eine Mitwirkung des Parlaments auf dem Gebiet der auswärtigen Politik würde für die Stetigkeit der auswärtigen Politik von der allergrößten Bedeutung sein."

[1]) Siegfried Heckscher, geboren 1870. Reichstags-Handbuch 1907, 278.

Ganz ähnlich äußerte sich der Abgeordnete Erzberger [1]), der seinerseits dem Reichskanzler zurief: „Zeigen Sie uns Ihre Instruktionen, publizieren Sie ein Weißbuch, dann wissen wir, was vorgegangen ist. Solange das nicht der Fall ist, müssen wir uns leider an offiziöse Auslassungen der Presse halten“ [2]).

Endlich führte das fortgesetzte Drängen des Reichstags doch zu einem Erfolg: die Regierung ließ sich herbei, der Budgetkommission den Stand und die Entwicklung der auswärtigen Beziehungen vertraulich darzulegen. Mit Befriedigung stellte Freiherr von Hertling am 29. März 1909 diese Tatsache fest: „Nach einer Seite hin ist es für uns, wenigstens für die Mitglieder der Budgetkommission, leichter geworden, über Fragen der auswärtigen Politik zu sprechen. Die Klage, die wir früher erheben mußten, daß uns zu wenig Mitteilungen über die auswärtigen Verhältnisse gemacht würden, kann mit Fug jetzt nicht mehr erhoben werden — nachdem uns in der Budgetkommission durch den Herrn Staatssekretär des Auswärtigen Amts viele Mitteilungen gemacht worden sind, allerdings nur vertraulich, wie dies in der Natur der Sache gelegen war, und darum zunächst zugänglich für die Mitglieder der Kommission“ [3]).

Indessen — von einer eigentlichen Mitwirkung des Parlaments in den auswärtigen Angelegenheiten, deren große Bedeutung für die Stetigkeit der auswärtigen Politik der Abgeordnete Heckscher mit Recht scharf hervorgehoben hatte, war auch in der Folgezeit nicht die Rede. Das trat besonders deutlich in die Erscheinung im Jahre 1911, das ganz unter dem Zeichen der zweiten Marokkokrisis stand [4]). Ihre bedenklichen Begleiterscheinungen, das enge Zusammenarbeiten Frankreichs und Englands, erregten damals die deutsche Öffentlichkeit in steigendem Maße. Die lang-

[1]) Matthias Erzberger, 1875—1921.

[2]) RB 233, 6099, 6160—6162.

[3]) RB 236, 7803.

[4]) Vgl. Stieve: Deutschland u. Europa, 101 ff.; GrP Bd. 29.

wierigen Verhandlungen mit Frankreich führten schließlich zu den beiden deutsch-französischen Abkommen über Marokko und über Äquatorial-Afrika vom 4. November 1911, die der Reichskanzler von Bethmann Hollweg am 7. November dem Reichstag „zur gefälligen Kenntnisnahme“ vorlegte [1]). Schon am nächsten Tage, dem 8. November, gingen dem Reichstag zwei für die Situation höchst charakteristische, auf dasselbe Ziel hinarbeitende Anträge zu. Der eine stammte von der Freisinnigen Volkspartei, Dr. Ablaß und Genossen, und forderte unter Ziffer 1: „Der Reichstag wolle beschließen, den Herrn Reichskanzler zu ersuchen, dem Reichstag unverzüglich ein Weißbuch über die Verhandlungen mit Frankreich vorzulegen.“ Der zweite, von den Sozialdemokraten, Albrecht und Genossen, eingebrachte Antrag verlangte: „Der Reichstag wolle beschließen: die verbündeten Regierungen zu ersuchen: 1. die deutsch-französischen Abkommen vom 4. November 1911, betreffend Marokko und Äquatorial-Afrika, dem Reichstag zu der verfassungsmäßig für ihre Gültigkeit erforderlichen Genehmigung vorzulegen; 2. dem Reichstag ein Weißbuch zugehen zu lassen, das die aus Anlaß jenes Abkommens mit fremden Mächten gewechselten Noten enthält“ [2]).

Der Reichstag behandelte die deutsch-französischen Abkommen in einer großen, drei Tage währenden Debatte vom 9. bis 11. November sowie noch einmal wieder am 5. Dezember 1911. Der erste, der dabei die Anträge auf Vorlage eines Weißbuchs berührte, war der Abgeordnete von Heydebrand und der Lase [3]), und es verdient festgehalten zu werden, daß im Wandel der Zeiten und offenbar angesichts des Ernstes der außenpolitischen Lage nunmehr auch die Konservativen ihre alte Gegnerschaft gegen die Weißbücher aufgegeben haben. Heydebrands Rede war auch des-

[1]) RA 282, Nr. 1137. Auch bei Stieve, a. a. O., S. 218–228.

[2]) RA 282, S. 5945, Nr. 1139; S. 5951, Nr. 1144.

[3]) Ernst von Heydebrand und der Lase, 1851–1924. Reichstags-Handbuch 1912, 272; Arnim u. Below: Deutscher Aufstieg, 337 ff.

wegen bemerkenswert, weil in ihr zum erstenmal der Gedanke einer eigenen Kommission für auswärtige Angelegenheiten auftauchte. Folgende Sätze sind in diesem Zusammenhang besonders wichtig: „Meine politischen Freunde würden es gern gesehen haben und hätten es eigentlich auch erwartet, daß einer Vorlage von so außerordentlicher Bedeutung wie der gegenwärtigen eine Begründung schriftlicher Art in einem größeren Umfange beigegeben worden wäre, als es tatsächlich geschehen ist. Denn wenn auch die Vorlage dem Reichstag lediglich zur Kenntnisnahme vorgelegt worden ist, nun, so fasse ich doch die Sache so auf, daß es sich hier nicht bloß darum handelt, einen Gegenstand von dieser Bedeutung einfach zu den Akten zu nehmen, sondern daß man auch erwartet, daß der Deutsche Reichstag sein Urteil über diese Angelegenheit ausspricht; und wenn ein solches Urteil abgegeben werden soll, dann ist es allerdings sehr schwierig, es lediglich oder zum größten Teil wenigstens auf die an sich sehr bedeutsamen Ausführungen mündlicher Art zu gründen, die wir vorhin von dem Herrn Reichskanzler gehört haben... Meine politischen Freunde sind deswegen der Meinung, daß die Forderung in einigen der Anträge, die uns vorliegen, daß die Reichsregierung in einem Weißbuch nähere Aufklärungen über die ganzen Verhältnisse geben möge, ein ganz berechtigter Anspruch ist, und meine politischen Freunde sind der Meinung, daß es sich auch rechtfertigt, wenn in einer Kommission — ob gerade in der Budgetkommission, das lasse ich dahingestellt sein — der Reichsregierung Gelegenheit gegeben wird, noch mehr und auskömmlicher sich über den ganzen Hergang und über das Für und Wider zu verbreiten, als wir es heute gehört haben. Wir finden deswegen den Wunsch nach einer solchen Aussprache in einer Kommission natürlich und treten ihm insofern bei."

Der Abgeordnete Bebel [1]) tadelte es, daß der Reichstag „bis jetzt keine Aussicht habe, von der Regierung etwas

[1]) August Bebel, 1840–1913. Biographisches Jahrbuch. Hrsg. von A. Bettelheim. 18, 215–229 (P. Kampffmeyer).

wie ein Weißbuch zu bekommen, also diejenigen Noten mitgeteilt zu erhalten, die im Laufe dieser vier-, fünfmonatlichen Verhandlungen über die Marokkoangelegenheit mit Frankreich und anderen Regierungen ausgetauscht worden seien."

Ebenso warf der Abgeordnete Bassermann dem Reichskanzler vor, daß die Vorbereitung dieser Debatte eine durchaus ungenügende sei. „Wir haben zuerst nichts bekommen als den Vertragstext, dann eine unzureichende Karte. Ein Weißbuch, das uns über die Verhandlungen mit Frankreich, über diese Monate dauernden diplomatischen Kämpfe Auskunft geben müßte, haben wir nicht bekommen, auch keinerlei Schriftstücke über die Auseinandersetzungen mit England, die sich aus Anlaß der englischen Ministerreden ergeben haben, — alles dies Material, das doch sehr wünschenswert und notwendig für uns gewesen wäre" [1]).

Am 5. Dezember 1911 verteidigte sich der Reichskanzler von Bethmann Hollweg gegen den Vorwurf, daß die Regierung „nicht mehr für die Information der öffentlichen Meinung getan habe, daß sie der Niedergeschlagenheit, dem Unwillen, der weite Kreise erfüllte, nicht früher, Irriges berichtigend, Dunkles aufklärend, entgegengetreten sei."

„Der Grund", sagte er, „war nicht bureaukratische Geheimnistuerei, die in diesem Falle besonders töricht gewesen wäre. Es war auch nicht Versagen der Kräfte, die amtlich mit den Preßangelegenheiten beschäftigt sind. Der wahre Grund für die geringe Aktivität der Regierung gegenüber jenem Mißbehagen lag anderswo und beruhte auf sorgfältiger Überlegung. Die schwierige Natur unserer Verhandlungen, die Geheimhaltung, die wir von Frankreich

[1]) Augenscheinlich unter dem Einfluß derartiger Klagen über das Fehlen jeglichen authentischen Materials legte der Reichskanzler dem Reichstag schon am 10. November folgende Drucksache vor: „Inhalt eines Notenwechsels zwischen dem Staatssekretär des Auswärtigen Amts von Kiderlen-Wächter und dem Botschafter der französischen Republik Jules Cambon, betreffend die deutsch-französischen Abkommen vom 4. November 1911 über Marokko und Äquatorial-Afrika". (RA 282, S. 5979, Nr. 1159.)

forderten, die leidenschaftliche Erregung, die durch die Haltung Englands hervorgerufen war, legte uns große Zurückhaltung auf. Dadurch ist dem Volke allerdings eine schwere und harte Geduldsprobe auferlegt worden. Aber worauf mußte es uns in der kritischen Zeit vor allem ankommen? Doch darauf, mit Frankreich und mit Frankreich allein zu der von uns gewünschten Verständigung zu gelangen. Diesem obersten Zweck mußten wir alles andere unterordnen, insbesondere auch die Rücksicht auf das ungeduldige und gewiß begreifliche Verlangen nach mehr Licht über die diplomatischen Vorgänge."

In derselben Sitzung ergriff auch der Abgeordnete Bebel noch einmal das Wort und wandte sich in heftigen Ausdrücken gegen die Geheimdiplomatie sowie gegen die Ausschaltung des Reichstags bei den wichtigsten außenpolitischen Ereignissen. Die alte Form der Diplomatie habe abgewirtschaftet. Auch die sogenannten Geheimverträge hätten keinen Sinn mehr, und „die Nationen seien lebhaft interessiert, daß nicht hinter ihrem Rücken über ihre Existenz, über ihre wirtschaftlichen Verhältnisse entschieden werde". Das sei ein Zustand, der nicht mehr aufrecht erhalten werden könne. Auch die bürgerlichen Parteien, mit Ausnahme der äußersten Rechten, hätten endlich eingesehen, „daß hier eine Änderung eintreten, daß das Parlament als die Vertretung der Gesamtheit des Volks notwendigerweise rechtzeitig unterrichtet werden und Gelegenheit haben müsse, sein Ja zu derartigen Verträgen zu geben. Nur wenn überall mit offenen Karten gespielt werde, dann allein könne Ruhe und Frieden aufrecht erhalten werden" [1]).

[1]) Es ist lehrreich, der These Bebels die Ansicht eines Engländers aus dem Jahre 1924 gegenüberzustellen. In seiner an interessanten Gesichtspunkten reichen Abhandlung „Les méthodes de travail de la diplomatie" (Académie de Droit International. Recueil des Cours. 1924. III, S. 225 ff.) schreibt R. E. L. Vaughan Williams: „La diplomatie publique nous paraît peu pratique et peu susceptible de conduire à des négociations heureuses ou à éviter les conflits."

Bebel schloß mit dem dringenden Wunsch, daß der Reichstag die Gelegenheit ergreife, den Anträgen der Sozialdemokratie die Zustimmung zu geben, „namentlich auch zu fordern — das ist auch ein Punkt, dessen Weigerung weiterhin nicht aufrecht erhalten werden kann — daß dem Reichstag ein Weißbuch vorgelegt werde, das nicht allein die Depeschen und Aktenstücke der Verhandlungen mit Frankreich, sondern namentlich auch diejenigen mit England enthält. Diese sind mindestens ebenso wichtig, wie die mit Frankreich. Auf diesem Gebiete muß ebenfalls Wandel in den bestehenden Zuständen geschaffen werden" [1]).

Die beiden Weißbuchanträge, die am 11. November der Budgetkommission überwiesen waren, wurden auf deren Antrag in der Reichstagssitzung vom 5. Dezember 1911 für erledigt erklärt [2]).

„La publication de telles informations est certainement très efficace pour s' assurer le soutien de la presse et de l'opinion publique; ou, tout au moins, tâter l'opinion publique, mais il y a de très graves objections qui s' opposent à la publication des dépêches, même longtemps après qu' elles ont été écrites; la publication des dépêches, comme il a été dit, a ses inconvénients: elle ferme beaucoup de sources d' informations, elle peut souvent embarrasser un envoyé dans ses rapports avec les ministres étrangers, elle tend à encourager la mauvaise pratique d' écrire des dépêches, non pour les personnes à qui elles sont adressées mais pour le public par qui elles seront lues. Poussée à l'extrême, elle rendrait impossible tous les rapports confidentiels, et fermerait la porte à tous les entretiens confidentiels ...."

„Dans toutes les affaires importantes il y a des choses qui doivent être traitées comme confidentielles et le désir d'établir une ligne de conduite comportant la publication de tous les documents encouragerait probablement le manque de sincérité et la rédaction de documents destinés uniquement à la publication, qui ne représenteraient guère l' opinion réelle de ceux qui les ont écrits". (A. a. O. S. 276/77). Vgl. Al. Carthill: Die Erbschaft des Liberalismus. Übertragen von P. Fohr. Berlin 1926, S. 151—153. — Grundlegend erörtert das Problem der Geheimdiplomatie auch Joseph Barthélemy in seinem Buch „Démocratie et Politique Etrangère". Paris 1917, S. 177—245: Le secret dans la diplomatie.

[1]) RB 268, 7718, 7719, 7723, 7731, 8347, 8356, 8357.

[2]) RB 268, 7814, 8365.

Es wurde kein Wandel geschaffen. Auch die Tatsache, daß der Reichstag im Jahre 1907 die Resolution Hompesch angenommen hatte, geriet völlig in Vergessenheit. So kann es nicht wunder nehmen, daß die Weißbuchfrage im Parlament nicht zur Ruhe kam, sondern immer wieder Berücksichtigung forderte, so am 18. Mai 1912 bei dem Etat des Reichskanzlers durch den Mund des Abgeordneten David [1]), der mahnend seine Stimme erhob, die „Geheimnistuerei" der Diplomaten geißelte und dazu erklärte: „Die Suppen, die die Diplomatie kocht, müssen von der Masse des Volkes ausgegessen werden; und deshalb ist das Recht, sich um die diplomatischen Vorgänge zu kümmern, ein sehr gutes Staatsbürgerrecht, und es ist unsere Pflicht, es gründlich wahrzunehmen. Das wird uns ja allerdings sehr erschwert; denn auch der jetzige Herr Staatssekretär [2]) ist außerordentlich darauf bedacht, die Mitarbeit der Volksvertretung in seinem Ressort unmöglich zu machen. Man schließt die fruchtbare Mitarbeit des Parlaments so gut wie ganz aus, indem man sich weigert, im Parlament entsprechende Aufschlüsse zu geben... Wann haben wir das letzte Weißbuch bekommen? Es ist schon so lange her, daß man sich dessen kaum noch entsinnt [3]). Diese Einrichtung scheint man überhaupt vollkommen einschlafen lassen zu wollen. Welche Auskunft wird uns hier im Plenum gegeben über Verhältnisse der auswärtigen Politik? So gut wie gar keine."

Mit großer Wärme setzte Dr. David sich angesichts der immer kritischeren Gestaltung der auswärtigen Lage für die Schaffung einer besonderen Kommission für auswärtige Angelegenheiten ein, die geeignet sei, die unbedingt not-

[1]) Eduard David, geboren 1863. Reichstags-Handbuch. III. Wahlperiode, 1924, 222.

[2]) Alfred von Kiderlen-Waechter, 1852—1912, seit dem 28. Juni 1910 Staatssekretär des Auswärtigen Amts.

[3]) Das letzte Weißbuch (über deutsche Bergwerksinteressen in Marokko) war am 17. Januar 1910 vorgelegt worden. Verzeichnis der Weißbücher. Nr. 48.

wendige engere Fühlung zwischen Diplomatie und Parlament herzustellen, „einer Kommission, in der wir Vertretern der Regierung Gelegenheit geben, auch unter Umständen — das kann ja vorkommen, das bestreiten wir nicht — Auskünfte vertraulicher Natur zu geben über schwebende Fragen der Politik. Es müssen Instanzen geschaffen werden, um dem gefährlichen Unfug einen Riegel vorzuschieben, daß man mit wilden Gerüchten die Völker aufregt und gegeneinander verhetzt".

Auch der Abgeordnete Spahn hielt die Einrichtung eines Ausschusses für auswärtige Angelegenheiten für zweckmäßig und empfahl die Anregung des Abgeordneten David der Geschäftsordnungskommission zur Beachtung.

Die Regierung blieb diesmal eine Erwiderung nicht schuldig. Der Staatssekretär von Kiderlen-Waechter erteilte dem Abgeordneten David folgende Antwort: „Der Herr Abgeordnete Dr. David hat über Geheimnistuerei geklagt, und es ist auch sonst namentlich in der Kommission uns gesagt worden, man werde uns zum Reden zwingen. Dabei wird immer auf fremde Regierungen, auf fremde, freier entwickelte Staatswesen, wie man sagt, hingewiesen. Ich möchte da doch auf eins aufmerksam machen: am selben Tage, an dem ich in der Kommission auf die Frage über unsere Beziehungen zu England geantwortet habe, hat durch einen Zufall der englische Premierminister[1]) im Parlament in London auf dieselbe Frage geantwortet, und unsere Antworten waren dem Inhalt nach vollständig, dem Wortlaut nach beinahe gleich. Der Unterschied lag also nicht auf seiten der Regierungen, sondern auf einer anderen Seite: im englischen Parlament war man damit zufrieden und hat kein Wort mehr gesagt. Den übrigen Schluß mögen sich die Herren selber ziehen" [2]).

Der deutsche Reichstag gab sich jedoch nicht zufrieden. Der Unwille über das mangelnde Vertrauensverhältnis zwi-

[1]) Asquith.
[2]) RB 285, 2087, 2092, 2101, 2102.

schen Parlament und Regierung, ihr dauerndes Versagen hinsichtlich einer ausreichenden Information der Reichstagsmitglieder, kam immer wieder zum Durchbruch. Am 2. Dezember 1912 gab ihm der Abgeordnete Bassermann bei der ersten Beratung des Etats für 1913 „im Auftrage seiner Fraktion" beredten Ausdruck, indem er ausführte: „Wir können es als einen befriedigenden Zustand nicht anerkennen, wenn in den Fragen der auswärtigen Politik, die doch die Lebensfragen des Reichs sind, keine genügende Fühlung zwischen Regierung und Volksvertretung vorhanden ist. Wir sind der Meinung, daß in solchen Fragen ein Vertrauensverhältnis notwendig ist. Ist dieses Vertrauensverhältnis nicht vorhanden, dann erhöht sich die Verantwortung der Regierung in einer ungemeinen Weise. Andererseits kann die Regierung doch mit viel größerer Ruhe ihre Politik verfolgen, wenn sie das tut in dem Bewußtsein, getragen zu sein von den lebendigen Kräften der Nation und der Volksvertretung. Wir meinen, daß ein Volk, wie das deutsche ... in den Fragen der auswärtigen Politik nicht als quantité négligeable betrachtet werden soll. Es ist nach der Auffassung meiner politischen Freunde kein erfreulicher Zustand, wenn wir angewiesen sind auf mehr oder weniger dürftige Mitteilungen der „Norddeutschen Allgemeinen Zeitung" .... Ich glaube, die verantwortlichen Minister anderer Staaten scheuen sich weniger als bei uns, gerade über laufende Fragen der auswärtigen Politik zu sprechen. Das sehen wir im englischen, im französischen Parlament, auch in Österreich in seinem Parlament und den Delegationen. Gerade weil wir das erstreben, ein einiges Volk, einig in diesen großen vitalen Interessen Deutschlands in sich, aber auch einig mit seiner Regierung, ... gerade deshalb ist es notwendig für das Parlament, intime Fühlung mit der Regierung zu haben."

Dasselbe betonte am folgenden Tage auch der Abgeordnete Freiherr von Richthofen [1]). Die Mitglieder des Reichs-

[1]) Hartmann Freiherr von Richthofen, geboren 1878, 1902—1911

tags brauchten in den auswärtigen Angelegenheiten unbedingt eine stärkere Fühlung mit der Reichsregierung, damit sie in der Lage seien, ihrerseits — denn das müsse doch die Aufgabe der Volksvertreter sein — das Volk über die tatsächliche Sachlage aufzuklären. „Unser Volk ist — das ist durchaus richtig — nicht willenlos, es ist ein mündiges Volk und hat in dieser Beziehung ein Recht, zu erfahren, was denn eigentlich vorgeht. Daraus erklärt sich das Verlangen, daß wir mehr als bisher herangezogen werden, wenn es sich darum handelt, die wichtigen Fragen in der auswärtigen Politik zu entscheiden" [1]).

Im letzten Friedensjahre 1913 kam die Weißbuchfrage am 25. Juni bei der Beratung des Abkommens zur Vereinheitlichung des Wechselrechts zur Sprache und zwar durch den Zentrumsabgeordneten Dr. Belzer [2]), der es rügte, daß der Reichstag nicht rechtzeitig mit dem Abkommen befaßt worden sei und nun nur das Recht habe, das Ganze einfach anzunehmen. Das sei eine wenig erfreuliche Lage, die künftig vermieden werden müsse. Zu dem Zweck „wäre zu empfehlen, solche Entwürfe nach Abschluß der ersten Konferenzen dem Reichstag in einer Vorlage, in einem sogenannten Weißbuch zugehen zu lassen".

In seiner Antwort wies der Direktor der Rechtsabteilung im Auswärtigen Amt, Dr. Kriege, darauf hin, daß das Auswärtige Amt dem hohen Hause regelmäßig Weißbücher über derartige Konferenzen vorzulegen pflege, wie es beispielsweise bei der zweiten Haager Friedenskonferenz und der Londoner Seekriegsrechtskonferenz geschehen sei [3]). Die Regierung werde darauf Bedacht nehmen, auch in künftigen Fällen den Reichstag „von

---

im auswärtigen Dienst. Reichstags-Handbuch. III. Wahlperiode. 1924, 334.

[1]) RB 286, 2492, 2530.

[2]) Vgl. Reichstags-Handbuch 1912, 210.

[3]) Verzeichnis der Weißbücher. Nr. 44 und 46.

dem Verlauf derartiger Konferenzen tunlichst bald in Kenntnis zu setzen" [1]).

Aus demselben Jahre bleibt noch eins zu erwähnen. Am 11. Dezember 1913 gab die Debatte über den Etat für 1914 dem Abgeordneten Haußmann Gelegenheit, seinerseits auf den schon mehrfach erwogenen Plan einer Sonderkommission für Auswärtige Angelegenheiten zurückzukommen. Die Budgetkommission mit ihrer drängenden Last von Geschäften sei nicht die richtige Stätte, an der die auswärtige Politik mit einer gewissen Stetigkeit von den Mitgliedern verfolgt werden könne. „Der Reichstag hätte daher vielleicht Anlaß, zu überlegen, ob er nicht eine besondere Kommission damit betrauen wollte, die auswärtige Politik ständig im Auge zu behalten. Das hätte vielleicht den Vorteil, daß eine größere Vertraulichkeit dort auch eine größere Mitwirkung und Information seitens der Regierung herbeiführen würde" [2]).

Die letzte Weißbuchdebatte vor dem Kriege fand am 14. und 15. Mai 1914 statt. Sie ließ noch einmal wieder den alten Gegensatz in der Einschätzung der Blaubücher erkennen. Der nationalliberale Abgeordnete Prinz zu Schönaich-Carolath [3]) berichtete über den Wandel seiner Überzeugung von dem Wert dieser Einrichtung. „Früher, in jüngeren Jahren, habe ich oftmals gewünscht, dem Reichstag wäre ein Rotbuch, ein Weiß- oder ein Gelbbuch vorgelegt worden, und ich habe mich eigentlich nicht zufrieden geben wollen mit der Äußerung des ersten Kanzlers des Deutschen Reichs, der sagte: Wenn die Herren wollen, kann ich ihnen ja auch ohne große Mühe ein solches Weißbuch zusammenstellen, was nicht besonders erschütternd ist und was sie, glaube ich, möglicherweise schon vorher in der Zeitung gelesen haben, sie sind dann möglicherweise im Besitz eines solchen Weiß-,

[1]) RB 290, 5781, 5785.

[2]) RB 291, 6375.

[3]) Heinrich Prinz zu Schönaich-Carolath, 1852–1920. Reichstags-Handbuch 1912, 226.

Blau- oder Rotbuchs zufriedener [1]). Ich habe damals oft gedacht: ach, wenn wir nur ein solches Weißbuch hätten, Fürst Bismarck ist ein großer Staatsmann, der sein Geschäft kennt, und möchte uns wohl nicht ein solches Buch in die Hand geben. Je mehr ich indessen in Weiß-, Blau- oder Rotbücher anderer Länder Einsicht genommen habe, desto mehr habe ich mir gesagt: Fürst Bismarck hat doch sehr recht gehabt, und ich könnte heute nicht mehr wünschen, daß uns der Herr Minister des Auswärtigen ein solches Buch vorlegte, weil ich mir doch genau denken könnte, was in dem Buch enthalten wäre, und es würde jedenfalls nur eine große Enttäuschung hervorrufen."

Ganz anders der Abgeordnete Bernstein [2]), der laut und eindringlich den Ruf nach Weißbüchern erhob und der Regierung den Tadel nicht ersparte, daß sie auf diesem Gebiet in den letzten Jahren vieles versäumt habe. „Wir können verlangen", sagte er, „genauere, authentische Mitteilungen über Verhandlungen, von denen wir jetzt eigentlich nur — und auch das nicht immer — durch die „Norddeutsche Allgemeine Zeitung" erfahren. Der deutsche Reichstag hat ein Recht, zu verlangen, über wichtige Verhandlungen und wichtige Vorkommnisse direkt, unmittelbar unterrichtet zu werden. Der Herr Abgeordnete Prinz zu Schönaich-Carolath meinte, er erhebe keinen Vorwurf deswegen, daß die Regierung uns keine W e i ß b ü c h e r gebe. Er zitierte da ein Wort des Fürsten Bismarck über die Wertlosigkeit der Weißbücher. Natürlich kann man ein Weißbuch so zusammenstellen, daß es entweder gar nichts sagt oder womöglich Falsches sagt oder falsche Eindrücke erweckt; wir haben darin Erfahrungen genug. Aber das ist kein Grund, nicht zu verlangen, daß wir authentisches Material über die Dinge von der Regierung bekommen, die für das Schicksal des deutschen Volkes in seinen

[1]) Sehr freie Wiedergabe der Antwort Bismarcks an Twesten am 22. April 1869.

[2]) Eduard Bernstein, geboren 1850. Reichstags-Handbuch. III. Wahlperiode. 1924, 204.

Beziehungen zu anderen Nationen von tief einschneidender Bedeutung sind. Welche Vorgänge sind nicht alle in den letzten Jahren passiert, über die wir keinerlei authentische Mitteilungen von der Regierung bekommen haben, höchstens einmal eine Andeutung vom Regierungstisch oder ein paar Worte in der Budgetkommission, die auch nichts sagten. Da ist der Depeschenwechsel, der dem Balkankriege vorausging, da sind die Vorgänge auf der Londoner Botschafterkonferenz, dann der Frieden, wie er in London geschlossen wurde, der Depeschenwechsel vor dem zweiten Balkankriege, dann zuletzt der Bukarester Frieden, eine gewiß wichtige Sache! Warum haben wir darüber keine direkte authentische Mitteilung bekommen? Weiter die Verhandlungen der Türkei betreffs der Reformen in Armenien. Über alles das stand hier und da einmal eine Bemerkung in der „Norddeutschen Allgemeinen Zeitung", aber dem Deutschen Reichstage sind dokumentarisch belegte Berichte nicht zugegangen. Die aber müssen wir verlangen. Wenn sie tendenziös zugespitzt sind, wird sich aus dem Vergleich mit den Mitteilungen, die andere Länder in Blaubüchern und Rotbüchern geben, herausstellen, was das richtige ist. Ich kann nur meine Frage wiederholen, die ich schon in der Budgetkommission an den Herrn Staatssekretär des Auswärtigen Amts [1]) gestellt habe: ist ihm die Einrichtung der Weißbücher bekannt und gedenkt er einmal Gebrauch davon zu machen" [2])?

Bernsteins Frage blieb ohne Erwiderung. So schließt die Geschichte der Weißbücher im Reichstag kurz vor der Wende der Zeiten mit einer stark ironisch gefärbten, unbeantworteten Frage — fast ein symbolisches, im übrigen aber nur allzu deutliches Zeichen für die völlig negative Entwicklung des ganzen Problems.

Die Geschichte der deutschen Weißbücher von 1870 bis 1914 ist die Geschichte der Nichtbeteiligung des Parlaments

[1]) Gottlieb von Jagow, 1913—1916 Staatssekretär des Auswärtigen Amts.

[2]) RB 295, 8851, 8852, 8882, 8883.

an den auswärtigen Angelegenheiten. Trotz immer wieder einsetzender Bemühungen erreichte es das heiß erstrebte Ziel entscheidender Mitwirkung nicht. Der Hauptgrund lag, wie sich klar gezeigt hat, zunächst in der genialen Persönlichkeit Bismarcks, der eine solche Mitwirkung weder brauchte, noch duldete. Solange er da war, lebte in allen Schichten der Nation im Hinblick auf die Führung der Außenpolitik nur eine, alles beherrschende Empfindung: unbedingtes Vertrauen![1]) Und es war nur natürlich, daß sich darüber hinaus in der deutschen Öffentlichkeit kein intimes aktives Verhältnis zur auswärtigen Politik, keine tätige Anteilnahme an ihrer Entwicklung, keine tiefere Erkenntnis ihrer Werte herausbildete. Auch die Nachfolger Bismarcks setzten dem berechtigten Verlangen des Parlaments, das umso heftiger wurde, je weiter die deutsche Politik von ihrer stolzen Höhe herabglitt, in der Regel einen gewissen grundsätzlichen Widerstand entgegen. Die Stoßkraft der Volksvertretung aber reichte nicht aus, diesen Widerstand zu brechen, weil sie nicht fest genug verankert war in einer starken, den ganzen Volkskörper umspannenden Tradition lebendiger Mitarbeit aller und jedes einzelnen an den großen Fragen der auswärtigen Politik. So offenbart die Geschichte der deutschen Weißbücher letzten Endes deutlich jenen tiefgreifenden, schwerwiegenden Mangel des deutschen Volkes an außenpolitischer Schulung und Bildung, der sich in seinen Auswirkungen als so verhängnisvoll erweisen sollte.

---

[1]) „In der äußern Politik folge ich dem Fürsten mit verbundenen Augen; da will ich überhaupt gar nicht gefragt sein, und da ist auch der Ausschuß im Bundesrate für die auswärtigen Angelegenheiten höchst überflüssig; die Führung der äußern Politik versteht doch kein Mensch so gut als er.“ (Äußerung des Königs Albert von Sachsen in einem Gespräch mit dem Gesandten Grafen Solms am 26. Januar 1878. — Bericht des Grafen Solms an den Staatssekretär von Bülow, Dresden, 27. Januar 1878.)

Zweiter Teil: Bibliographie.

A. Chronologisches Verzeichnis der Weißbücher.

1870.

20. Juli.

1. Sammlung der Aktenstücke, welche der diplomatische Verkehr des Auswärtigen Amts mit den fremden Regierungen in dem schwebenden deutsch-französischen Streite ergeben hat.

1876.

17. Dezember.

2. Aktenstücke betreffend die Ermordung der Konsuln von Deutschland und Frankreich in Salonik und die Entsendung des deutschen Panzergeschwaders nach dem Mittelmeer. 1876.

1878.

24. März.

3. Denkschrift und Aktenstücke, betreffend zwei bewaffnete Angriffe auf Kaiserliche Konsularbeamte in Leon, Nicaragua, im Oktober und November 1876.

22. Mai.

4. Fortsetzung der Aktenstücke, betreffend zwei bewaffnete Angriffe auf Kaiserliche Konsularbeamte in Leon, Nicaragua, im Oktober und November 1876.

1879.

22. Mai.

5. Freundschaftsvertrag zwischen dem Reich und den

Samoa-Inseln. Dem Vertrage ist eine Denkschrift nebst Tabellen, Karten und Aktenstücken beigefügt.

1880.

4. April.

6. Denkschrift (nebst Aktenstücken) betreffend die wichtigsten Vorgänge im Südsee-Archipel während des Jahres 1879.

1881.

22. März.

7. Denkschrift mit fünf Anlagen (betreffend die Vertragsbeziehungen zwischen dem Abendlande und China).

1884.

4. Dezember.

8. Togogebiet und Biafra-Bai. (Sammlung von Aktenstücken, betreffend die Unterstellung des Togogebiets und einiger an der Biafra-Bai belegenen Küstenstriche unter den Schutz Seiner Majestät des Kaisers.)

11. Dezember.

9. Angra Pequena. (Sammlung von Aktenstücken, betreffend die Unterstellung des Gebiets von Angra-Pequena unter den Schutz Seiner Majestät des Kaisers.)

12. Dezember.

10. Deutsche Interessen in der Südsee. [I.] ([Erste] Sammlung von Aktenstücken, betreffend deutsche Interessen in der Südsee.)

1885.

19. Januar.

11. Deutsche Land-Reklamationen auf Fidji. (Sammlung von Aktenstücken, betreffend deutsche Land-Reklamationen auf Fidji.)

4. Februar.

12. Deutsche Interessen in der Südsee II. (Zweite Samm-

lung von Aktenstücken, betreffend Deutsche Interessen in der Südsee.)

8. April.

13. Aktenstücke, betreffend die Kongo-Frage nebst einer Karte von Zentral-Afrika von L. Friederichsen in Hamburg. Dem Bundesrat und dem Reichstag vorgelegt im April 1885. (Sammlung von Aktenstücken, betreffend die Kongofrage, nebst einer Karte von Zentral-Afrika.)

5. Mai.

14. Aktenstücke betreffend Egypten. Dem Bundesrat und dem Reichstag vorgelegt im Mai 1885. (Sammlung von Aktenstücken, betreffend Egypten.)

1888.

6. Dezember.

15. Aufstand in Ostafrika. (Sammlung von Aktenstücken, betreffend den Aufstand in Ostafrika.)

1889.

12. Januar.

16. Aufstand in Ostafrika. Fortsetzung [a]. (Weitere Sammlung von Aktenstücken, betreffend den Aufstand in Ostafrika.)

25. Januar.

17. Aufstand in Ostafrika. Fortsetzung [b]. (Weitere Aktenstücke, betreffend den Aufstand in Ostafrika.)

15. Februar.

18. Samoa. (Sammlung von Aktenstücken, betreffend Samoa.)

21. März.

19. Samoa. Fortsetzung [1]. (Fortsetzung der Sammlung von Aktenstücken, betreffend Samoa.)

18. April.

20. Samoa. Fortsetzung [2]. (Fortsetzung der Sammlung von Aktenstücken betreffend Samoa.)

3. Mai.

21. Samoa. Fortsetzung [3]. (Fortsetzung der Sammlung von Aktenstücken betreffend Samoa.)

31. Oktober.

22. Aufstand in Ostafrika. Fortsetzung [c]. (Weitere Sammlung von Aktenstücken betreffend den Aufstand in Ostafrika.)

18. November.

23. Deutsche Interessen im Nigergebiete. (Sammlung von Aktenstücken, betreffend deutsche Interessen im Nigergebiete.)

1. Dezember.

24. Aufstand in Ostafrika. Fortsetzung 2. (Weitere Sammlung von Aktenstücken, Ostafrika betreffend.)

7. Dezember.

25. Aktenstücke betreffend die deutschen Schweine-Einfuhrverbote vom 29. November 1887 und 14. Juli 1889 und die westlichen Viehsperren gegen Deutschland. (Sammlung von Aktenstücken betreffend die deutschen Schweineeinfuhrverbote vom 29. November 1887 und 14. Juli 1889 und die westlichen Viehsperren gegen Deutschland.)

1890.

14. Januar.

26. Aufstand in Ostafrika. Fortsetzung 3. (Weitere Sammlung von Aktenstücken, Ostafrika betreffend.)

16. Januar.

27. Aktenstücke betreffend die deutschen Schweine-Einfuhrverbote vom 29. November 1887 und 14. Juli 1889 und die westlichen Viehsperren gegen Deutschland. Fortsetzung. (Fortsetzung der Sammlung von Aktenstücken, betreffend die deutschen Schweineeinfuhrverbote vom 29. November 1887 und 14. Juli 1889 und die westlichen Viehsperren gegen Deutschland.)

9. Mai.

28. Aufstand in Ostafrika. Fortsetzung 4. (Weitere Sammlung von Aktenstücken, Ostafrika betreffend.)

6. Juni.

29. Aufstand in Ostafrika. Fortsetzung 5. (Weitere Sammlung von Aktenstücken, Ostafrika betreffend.)

13. Juni.

30. Samoa. Fortsetzung [4]. (Fortsetzung der Sammlung von Aktenstücken, betreffend Samoa.)

26. November.

31. Aufstand in Ostafrika. Fortsetzung 6. (Weitere Sammlung von Aktenstücken, Ostafrika betreffend.)

26. November.

32. Ermordung von Deutschen im Sultanat Witu. (Sammlung von Aktenstücken, die Ermordung von Deutschen im Sultanat Witu betreffend.)

1. Dezember.

33. Denkschrift (und) Aktenstücke, betreffend Abmachungen des Reichs mit Frankreich, Großbritannien sowie der deutsch-ostafrikanischen Gesellschaft zur Regelung der Verhältnisse in Ostafrika. (Die für die Regelung der Verhältnisse in Deutsch-Ostafrika maßgebenden Abmachungen nebst einer erläuternden Denkschrift.)

1891.

2. Februar.

34. Ostafrika. (Sammlung von Aktenstücken, Ostafrika betreffend.)

3. Februar.

35. Ostafrika. Fortsetzung. (Nachtrag zu den Aktenstücken, Ostafrika betreffend.)

25. November.

36. Die Vorgänge in Chile. (Sammlung von Aktenstücken, die Vorgänge in Chile betreffend.)

1893.

13. Januar.

37\. Samoa. Fortsetzung [5]. (Fortsetzung der Sammlung von Aktenstücken, betreffend Samoa.)

1896.

12. Februar.

38\. Aktenstücke, betreffend die Südafrikanische Republik. (Aktenstücke, betreffend die jüngsten Vorfälle in der Südafrikanischen Republik.)

1902.

8. Dezember.

39\. Denkschrift über die Reklamationen Deutschlands gegen die Vereinigten Staaten von Venezuela.

1903.

14. Februar.

40\. Denkschrift über die Beilegung der Streitigkeiten zwischen Deutschland und den Vereinigten Staaten von Venezuela.

1904.

29. November.

41\. Denkschrift über Eingeborenen-Politik und Hereroaufstand in Deutsch-Südwestafrika.

1906.

9. Januar.

42\. Aktenstücke über Marokko. (Sammlung von Aktenstücken über Marokko.)

1907.

29. April.

43\. Diplomatische Aktenstücke über die Erhöhung der Türkischen Einfuhrzölle von 8 Prozent auf 11 Prozent ad valorem. 1905—1907.

6. Dezember.

44. Ergebnisse der im Jahre 1907 im Haag abgehaltenen zweiten Internationalen Friedenskonferenz.

1908.

30. April.

45. Aktenstücke über Marokko. September 1906—April 1908. (Sammlung von Aktenstücken über Marokko.)

1909.

20. März.

46. Ergebnisse der in London vom 4. Dezember 1908 bis zum 26. Februar 1909 abgehaltenen Seekriegsrechts-Konferenz. (Weißbuch über die Ergebnisse der in London vom 4. Dezember 1908 bis zum 26. Februar 1909 abgehaltenen Seekriegsrechts-Konferenz.)

30. November.

47. Erläuterungen zu den Ergebnissen der in London vom 4. Dezember 1908 bis zum 26. Februar 1909 abgehaltenen Seekriegsrechts-Konferenz. (Weißbuch mit Erläuterungen zu den Ergebnissen der in London vom 4. Dezember 1908 bis zum 26. Februar 1909 abgehaltenen Seekriegsrechts-Konferenz.)

1910.

17. Januar.

48. Denkschrift und Aktenstücke über deutsche Bergwerksinteressen in Marokko. (Denkschrift über deutsche Bergwerksinteressen in Marokko nebst Aktenstücken.)

B. Anmerkungen zu den einzelnen Weißbüchern.

Die Anmerkungen wollen in erster Linie die amtlichen Drucke der Weißbücher nachweisen und eine bibliographische Beschreibung der einzelnen Stücke geben. Daneben werden auch die wichtigeren nichtamtlichen Drucke aufgeführt.

Aktenmäßige Mitteilungen über die Entstehungsgeschichte und besondere charakteristische Eigentümlichkeiten der betreffenden Drucksachen schließen sich an.

Das Verzeichnis bringt die Weißbücher in chronologischer Folge nach dem Datum des Schreibens, mit dem der Reichskanzler sie, bevor sie an den Reichstag gehen, dem Bundesrat, in zwei Fällen (Nr. 1 und 41) nur dem Reichstag, vorlegt.

Die Titel der Weißbücher und die Angaben über die bibliographische Zusammengehörigkeit einzelner Teile lassen wiederholt eine gewisse Präzision vermissen. Es sind deshalb, wo es zweckmäßig schien, Ergänzungen vorgenommen worden. Ebenso ist in allen den Fällen, wo neben dem kurzen schlagwortartigen Titel des Weißbuchs, z. B. „Angra Pequena" (Nr. 9), in dem Übersendungsschreiben des Reichskanzlers an den Bundesrat ein ausführlicherer Sachtitel erscheint — in dem angezogenen Beispiel: „Sammlung von Aktenstücken, betreffend die Unterstellung des Gebiets von Angra Pequena unter den Schutz Seiner Majestät des Kaisers" — der Deutlichkeit halber dieser zweite umfassendere Titel hinzugefügt worden.

1. 20. Juli 1870. — Das erste deutsche Weißbuch! Zehn Aktenstücke aus der Zeit vom 16.—19. Juli 1870. Drucksache Nr. 11 des Reichstags des Norddeutschen Bundes (1. Leg.-Per. Außerordentl. Sitz.-Per. 1870) 23 S., kein Druckvermerk. Auf dem Vorderumschlag (= S. 1) das Schreiben, mit dem Bismarck dem Präsidenten des Reichstags, Dr. Simson, das Weißbuch überreicht. Titel nach diesem Schreiben formuliert. Wiederabgedruckt in den Anlagen zu den Verhandlungen des Reichstages, S. 6—13, mit dem Kolumnentitel: „Zehn Aktenstücke in Betreff des deutsch-französischen Streites". Auch in Bi 4, 417—431: „Aktenstücke zur Vorgeschichte des deutsch-französischen Krieges". Vgl. HK 1, 398, 20. Juli. — In der Rede, die Bismarck in der 2. Sitzung des Reichstags am 20. Juli hielt, gab er einen

Überblick über die verschiedenen Aktenstücke nebst Erläuterungen zu den einzelnen Dokumenten (Verhandlungen, 8—10; Bi 4, 411—417). Am Schluß seiner Ausführungen entschuldigte er sich, daß die von ihm vorgelegten Sachen im Drange der Geschäfte „noch etwas ungeordnet" geblieben seien. Die endgültige „Redaktion und Sonderung" der Aktenstücke erfolgte dann „gleich nach der Sitzung" in einer Besprechung des Bundeskanzlers „mit den Herren vom Bureau", um deren Genehmigung er den Präsidenten gebeten, und der dieser zugestimmt hatte mit den Worten: „Ich stelle mich zur Verfügung des Herrn Bundeskanzlers in dem angedeuteten Sinne und verstehe ihn dahin, daß, wenn die von ihm beabsichtigte Anordnung der Schriftstücke erfolgt sein wird, ich dieselben zum Druck befördere". — Über Bismarcks Auftreten im Reichstag an diesem Tage vgl. auch Lucius v. Ballhausen, Bismarck-Erinnerungen 4.—6. Aufl. 1921, S. 4.

Der Vollständigkeit halber sei hier angemerkt, daß der Bundeskanzler dem Reichstag im Jahre 1870 noch verschiedene diplomatische Aktenstücke vorlegen ließ, um ihm, wie es in der Thronrede vom 24. November 1870 heißt, „einen vollständigen Überblick der politischen Lage zu gewähren". Vgl. RA 1870, S. 30, Nr. 8 (Waffenstillstandsverhandlungen mit Frankreich betreffende Erlasse) am 24. November; S. 45, Nr. 15 (Diplomatische Verhandlungen mit England über den Waffenstillstand) am 29. November; S. 94, Nr. 18 (Österreich-Ungarischer Erlaß betreffend den Waffenstillstand) am 2. Dezember; S. 98, Nr. 23 (Diplomatische Schriftstücke betreffend den Pariser Traktat vom 30. März 1856) am 6. Dezember.

---

2. 17. Dezember 1876. — Ermordung der Konsuln in Salonik. 2, VIII, 76 S., ohne Angabe des Druckers. Auf S. 1 am Kopf: Bundesrat. Session von 1876. Vertraulich. S. 1—2: Schreiben des Reichskanzlers „An den Bundesrat"

vom 17. 12. 1876 (fehlt bei HK 2, 133); S. I: Titel, III—VIII: Inhaltsverzeichnis, 1—76: Aktenstück Nr. 1—119, 7. Mai—22. Oktober 1876. Eine Anzahl von Exemplaren wurde zunächst ohne das Begleitschreiben gedruckt, umfaßt also nur VIII, 76 S.

Die Drucksache trägt am Kopf und Fuß des Titelblatts und der Vorderseite jedes weiteren Blatts die Nummer 105, ist aber wegen ihres vertraulichen Charakters in die endgültige Reihe der Bundesratsdrucksachen 1876 nicht aufgenommen, sondern durch eine neue Nr. 105, die eine ganz andere Materie behandelt, ersetzt worden.

Zum Werdegang des Weißbuchs ist folgendes zu bemerken. Durch die wegen des Konsuln-Mordes in Salonik (6. Mai 1876) erfolgte Entsendung des deutschen Panzergeschwaders nach dem Mittelmeer waren über die im Reichshaushalts-Etat der Admiralität für Indienststellung von Schiffen zur Verfügung gestellten Mittel hinaus Mehrausgaben entstanden, die eine nachträgliche Forderung an den Reichstag notwendig machten. In Voraussicht dieser „zukünftigen finanziellen Regulierung und um der von dem Auswärtigen Amt dabei übernommenen Verantwortlichkeit nachzukommen“, hielt der Reichskanzler es für angezeigt, durch eine Zusammenstellung der bezüglichen Aktenstücke dem Bundesrat und Reichstag rechtzeitig „eine Darstellung der Verhältnisse zu geben, unter welchen die Mitwirkung der deutschen Marine eingetreten ist, um die Befehle Seiner Majestät des Kaisers zur Wahrung der Ehre des Reichs und zum Schutze der Interessen seiner Angehörigen zur Ausführung zu bringen“. Durch Immediatbericht vom 29. 11. 1876 erbat der Staatssekretär v. Bülow die kaiserliche Genehmigung zur Veröffentlichung des Weißbuchs. Der Kaiser verhielt sich jedoch ablehnend. Er fürchtete, „daß ein solches Präzedens sehr nachteilig werden könne, da es den Reichstag vorzeitig in eine militärisch notwendig gewesene Maßregel, wegen des Geldpunktes einmischt“. Außerdem hielt er es für bedenklich, gerade in diesem Zeitpunkt den Reichstag durch eine derartige „provocation voulue" zu einer Erörterung der Orientkrisis zu veranlassen. Erst nach zwei weiteren sehr eingehenden Immediatberichten gab er widerstrebend und unter wiederholtem Hinweis auf das Bedenkliche des Falles seine Zustimmung. Diese scharf betonte grundsätzliche Haltung des Kaisers blieb schließlich doch nicht ohne Einfluß auf die endgültige Entscheidung des Reichskanzlers über das Weißbuch. „Um, den Allerhöchsten Intentionen entsprechend, bei der gegenwärtigen Lage der politischen Verhältnisse einen Anlaß zu weiteren Diskussionen über die orientalische Frage möglichst zu vermeiden", bestimmte er, daß von der Mitteilung der auf die Salonik-Angelegenheit bezüglichen Aktenstücke an den Reichstag Abstand zu nehmen und nur dem Bundesrat eine Zusammenstellung derselben zur Mitteilung an die deutschen Regierungen in wenigen Exemplaren und mit dem Ersuchen um ganz vertrauliche Behandlung des Inhalts vorzulegen sei. So kam es, daß nur die stimmführenden Bevollmächtigten zum Bundesrat je zwei Exemplare des Weißbuchs erhielten, von denen eins für den Bevollmächtigten persönlich, das andere für dessen Bundesregierung bestimmt war.

Eine allgemeine Orientierung der Öffentlichkeit war bereits nach Abschluß der Angelegenheit durch einen ausführlichen amtlichen Bericht im „Deutschen Reichsanzeiger" vom 8. und durch einen entsprechenden Artikel im „Journal Officiel" vom 9. August 1876 erfolgt.

Das dem englischen Parlament über die Salonik-Affäre vorgelegte Blaubuch, das auch bei der Redaktion des deutschen Weißbuchs benutzt wurde (vgl. die Fußnote auf S. 16 des Weißbuchs) hat den Titel: Turkey, Nr. 4 (1876). Correspondence respecting the Murder of the French und German Consuls at Salonica. London 1876. C. 1547.

Vgl. noch die „Aufzeichnungen und Erinnerungen aus dem Leben des Botschafters J. M. von Radowitz". Hrsg. von H. Holborn. Bd. 1, 1925, S. 354-356. Radowitz erzählt: „Im Dezember wurde dem Reichstag (hier irrt sich der Verfasser) über die ganze Angelegenheit ein „Weißbuch" unseres Auswärtigen Amtes vorgelegt, einer der seltenen Fälle, in denen dies geschehen ist. Bekanntlich hat Fürst Bismarck es stets verweigert — und diese Praxis ist nach ihm glücklicherweise beibehalten worden — dem Parlamente regelmäßige Mitteilungen über die politischen Verhandlungen mit dem Auslande zugehen zu lassen, so wie es in England mit den blue-books und in geringerem Umfang in Frankreich und Italien geschieht. Wenn hin und wieder bei uns derartige Vorlagen erfolgten, so war das ganz ausnahmsweise und zur Rechtfertigung für besondere große Ausgaben, wie damals für die Entsendung des Panzergeschwaders nach Saloniki. Das betreffende „Weißbuch" habe ich zusammenstellen lassen; es enthält auch eine Reihe von Verfügungen, die unter meinem Namen im Juli, während ich den Staatssekretär vertrat, abgegangen sind. Von dem Buche sagte mir später der Großherzog von Baden: er habe es mit der Spannung durchgelesen, die ein interessantes Drama hervorrufe."

---

3. 24. März 1878. — Der sogenannte „Fall Eisenstuck". (Die Kaiserlichen Konsularbeamten, auf die im Oktober und November 1876 in Leon bewaffnete Angriffe gemacht wurden, waren die Brüder Paul und Moritz Eisenstuck.)

Drucke. 1. Selbständig. Berlin, gedr. in der vormal. Geh. Ober-Hofbuchdr. (Vermerk am Schluß der letzten S.), 112 S. enthaltend die Denkschrift (S. 1—14, am Schluß datiert: Berlin, den 9. März 1878) und Aktenstücke, Nr. 1—64, 4. November 1876— 9. März 1878. Gedr. in 250 Exemplaren.

2. BD 1878, 1, Nr. 56. Derselbe Druck wie 1.

3. RA 1878, 3, S. 849, Nr. 100 (nur das Schreiben des Reichskanzlers vom 24. 3. 1878). Ebenso

4. RS 1878, 3, Nr. 100.

Weitere Drucke: Beilage zum Reichsanzeiger Nr. 76

vom 29. 3. 1878; NAZ Nr. 76 vom 29. 3. 1878, 2. Blatt (Denkschrift nebst Inhaltsverzeichnis zu den Aktenstücken). — Die Denkschrift allein: Sta 34, 356-369; L. Hahn, Bismarck, 3, 509—517, Nr. 15: Der Streit mit Nicaragua. Vgl. auch Martens, Nouveau Recueil Général de Traités, Sér. 2, T. 2, 337—343, Nr. 72 und 73. — Spanische Übersetzung der Denkschrift unter dem Titel „Memorandum relativo á nuestra reclamacion contra Nicaragua en el asunto del Consulado Imperial en Leon" (14 S.), mit Erlaß vom 7. 4. 1878 den Missionen und Konsulaten in Mittel- und Südamerika übersandt zur Hinwirkung „auf eine richtige Würdigung unseres Rechtsstandpunkts, hinsichtlich dessen das Kabinett von Managua mit mehr oder minder Erfolg bemüht gewesen ist, irrtümliche Auffassungen zu verbreiten".

Verfasser des Weißbuchs war nach Hagen (S. 63) Bismarcks Hauptmitarbeiter auf dem Gebiet der Kolonialpolitik H. v. Kusserow. Hagens, wohl von Poschinger („Aus den Denkwürdigkeiten von Heinrich v. Kusserow", Deutsche Revue 33, 1, 1908, S. 190) übernommene Meinung, daß dies „das erste amtliche deutsche Weißbuch" war, trifft jedoch, wie jetzt feststeht, nicht zu.

Im Reichstag wurde der Fall Eisenstuck am 25. Februar 1878 bei der zweiten Beratung des Etats des Auswärtigen Amts durch den Abgeordneten Hänel zur Sprache gebracht. Er wünschte von der Regierung eine Denkschrift, „welche die Tatsachen richtig stellt und welche diejenigen Dokumente, die einer Veröffentlichung fähig sind, vorführt", worauf der Staatssekretär v. Bülow erwiderte, daß eine derartige Denkschrift „vorbereitet und fast vollendet sei, und je nachdem die Umstände es erlauben, dem Reichstag vorgelegt werden würde." (RB 1878, 1, 206 ff.) Das Übersendungsschreiben des Reichskanzlers an den Bundesrat nimmt auf diesen „in der Sitzung des Reichstags vom 25. Februar d. Js. zum Ausdruck gekommenen Wunsch wegen amtlicher Mitteilungen über die zwischen dem Reich und Nicaragua entstandene Differenz" ausdrücklich Bezug. — Eine scharfe

Kritik erfuhr das Weißbuch in einem Artikel der National-Zeitung (Nr. 165 vom 7. 4. 1878) „Der Nicaragua-Fall“, der die Denkschrift als „vielfach unvollständig und einseitig“ bezeichnete. Darauf antwortete die NAZ (Nr. 86 vom 10. 4. 1878) mit folgender Entgegnung:

„Mit Erstaunen erfüllt uns der vorgestrige Leitartikel der National-Zeitung. Gegenüber der, keine Phase der Verhandlungen übergehenden Darlegung des Sachverhalts in der Denkschrift und bei der Veröffentlichung aller für die Hauptsache irgendwie in Betracht kommenden Aktenstücke ist in der Tat nichts ungerechtfertigter, als der Vorwurf der Einseitigkeit und Unvollständigkeit. Wir glauben nicht, daß je eine Regierung bei Veröffentlichung sogenannter Blaubücher mit größerer Offenheit und mit mehr Rücksicht auf die Gegenseite verfahren ist. Einseitig kann die Denkschrift nur einem Leser erscheinen, der darin Material zur Bestätigung einer bereits auf Grund der gegnerischen Veröffentlichung in der „Managua-Zeitung“ gebildeten und voreilig in deutschen Blättern vertretenen Ansicht zu finden hofft.“

---

4. 22. Mai 1878. — Fortsetzung der Aktenstücke zum Fall Eisenstuck.

Drucke. 1. Selbständig. Druckvermerk wie bei 3, 1. 34 S., Aktenstücke Nr. 65—75, 9. März — 14. Mai 1878.

2. BD 1878, 2, Nr. 81. Derselbe Druck wie 1.

3. RA 1878, 4, S. 1602, Nr. 281 (nur das Schreiben des Reichskanzlers vom 22. 5. 1878). Ebenso

4. RS 1878, 5, Nr. 281.

---

5. 22. Mai 1879. — Samoa-Inseln. Titel nach dem Schreiben des Reichskanzlers an den Bundesrat.

Drucke. 1. BD 1879, 2, Nr. 96. Berlin, gedr. in der vormal. Geh. Ober-Hofbuchdr. (Vermerk am Schluß der letzten S.)

1 Bl., XXXIII, 216 S., 7 Kartentafeln. (Die Karten hergestellt von der Firma L. Friederichsen & Co. in Hamburg, der auch der buchhändlerische Vertrieb der Drucksache übertragen wurde.) S. I—XII: Text des Vertrages; XIII—XXII: Denkschrift; XXIII—XXVIII: Statistische Tabellen; XXIX—XXXIII: Inhaltsverzeichnis (der Aktenstücke); 1—216: Aktenstücke Nr. 1—47, 28. Dezember 1875—15. Februar 1879.

2. RA 1879, 6, S. 1539, Nr. 239 (nur das Schreiben des Reichskanzlers an den Reichstag vom 6. 6. 1879).

3. RS 1879, 4, Nr. 239. Derselbe Druck wie 1.

Ausnahmefall, weil hier eine umfangreiche Sammlung diplomatischer Aktenstücke nicht als selbständiges Weißbuch, sondern als Anlage zu einem Vertrage veröffentlicht wird.

Über die Motive und Gesichtspunkte, von denen das Auswärtige Amt sich bei der Zusammenstellung des Weißbuchs hatte leiten lassen, äußerte sich der Staatssekretär v. Bülow dem Kaiser gegenüber folgendermaßen (Immediatbericht vom 23. 5. 1879): „Da bei der Mehrzahl der Mitglieder des Bundesrats und des Reichstags nur eine geringe Kenntnis der Verhältnisse in der Südsee vorausgesetzt werden kann und es auch erwünscht sein dürfte, die Schwierigkeiten, welche vor dem Abschlusse des Vertrages zu überwinden waren, in das rechte Licht zu stellen, so scheint die Mitteilung eines die Bedeutung der Südsee-Inseln für Deutschland und den Gang der Vertrags-Verhandlungen näher erläuternden Materials im Interesse der Sache geboten... In der Denkschrift und bei Auswahl dieser Aktenstücke ist einerseits der Entschluß Euerer Majestät Regierung betont, für die Reichsangehörigen und die deutschen Handelsinteressen in jenen Meeren überall Gleichberechtigung mit anderen Nationen zu sichern, andererseits aber auf die bestehenden guten politischen Beziehungen zu den dort hauptsächlich konkurrierenden Ländern, Großbritannien und den Vereinigten Staaten von Amerika, jede Rücksicht genommen."

Über die Vorlage und Aufnahme des Weißbuchs im Reichstage bei der ersten und zweiten Beratung des Vertrages am 13. 6. 1879 vgl. RB 1879, 2, 1601 ff. Auch hier verbreitete der Staatssekretär sich über den Zweck und die Bedeutung des Weißbuchs, das auch dann seinen Wert behalten werde, „wenn, was die Vorsehung verhüten möge, einmal der Weg zu diesen Inseln, der Kurs für die deutschen Steuerleute verloren ginge, wie seinerzeit der Weg zu den glücklichen Inseln — und diese Inseln sind auch sehr glückliche — verloren gegangen ist, oder wenn dasjenige, was die deutsche Arbeit gesäet und gepflanzt, gepflegt und gefördert hat, wenn das, was ebenfalls die Vorsehung abwenden möge, von andern geerntet werden sollte." — Der Abgeordnete v. Schorlemer-Alst hob hervor, „daß es die erste vollständige Veröffentlichung der diplomatischen Aktenstücke über einen politischen Vorgang sei", und erregte die Heiterkeit des Hauses, als er hinzufügte: „Man kann nicht sagen, daß das Aktenstück ein Blaubuch oder ein Grünbuch ist, vielmehr ein Weißbuch nach seiner äußeren Ausstattung". (Hier taucht zum erstenmal diese Bezeichnung auf, die dann für die deutschen Farbbücher beibehalten worden ist.) — Charakteristisch ist die Äußerung des Abgeordneten Bamberger, des schärfsten Gegners der Kolonialpolitik des Fürsten Bismarck: „Wenn ich namentlich hervorheben soll, was in diesem so interessanten Aktenstück am stärksten unsere Aufmerksamkeit auf sich zu ziehen verdient, so ist es der mehrmals wiederholte Ausspruch, daß das Auswärtige Amt des Deutschen Reichs bei allen Verhandlungen und allen Bemühungen dieser Art von dem Grundgedanken ausgehe: wir wollen nicht kolonisieren." — Mit besonders warmen Dankesworten an die Regierung begrüßte die Publikation der Abgeordnete Prinz Radziwill, der bereits 1877 angeregt hatte, dem Reichstag „in einer der nächsten Sessionen eine Denkschrift über die sozialen und politischen Verhältnisse des dortigen Archipels vorzulegen". (RB 1877, 2, 638.) — Die National-Zeitung (Nr. 241 vom 27. 5. 1879) zählt die

„Denkschrift nebst Berichten, Korrespondenzen und Dokumenten zu den vortrefflichsten und interessantesten Veröffentlichungen des Auswärtigen Amtes“.

---

6. 4. April 1880. — Die sogenannte Samoavorlage. Ähnlicher Ausnahmefall wie bei Nr. 5: das eigentliche Weißbuch, d. h. die Denkschrift (nebst Aktenstücken) ist nicht selbständig erschienen, sondern als integrierender Bestandteil (Anlage A und Unteranlage I—VI) der Drucksache: Entwurf eines Gesetzes, betreffend die Unterstützung der „Deutschen See-Handels-Gesellschaft“. Drucke. 1. BD 1880, 1, Nr. 69. 2 Bl., 72 S. Das Weißbuch auf S. 11—51.

2. RA 1880, 4, Nr. 101. Das Weißbuch auf S. 725—740.

3. RS 1880, 3, Nr. 101. Derselbe Druck wie 1.

Erste Beratung der Samoavorlage am 22. und 23., zweite Beratung und Ablehnung am 27. April 1880 (RB 1880, 2, 857 ff., 945 ff.).

Vgl. die Samoa-Vorlage im Reichstage. Berlin 1880. (Anonyme Broschüre, vorhanden in der Bibliothek des Reichstags.) — Fr. Thudichum: Bismarck's Parlamentarische Kämpfe und Siege. Abt. 2, 1890, 340 ff. — Hagen 70 ff.

---

7. 22. März 1881. — Keine Veröffentlichung diplomatischer Aktenstücke, also kein Weißbuch im eigentlichen Sinne, gleichwohl als solches anzusprechen und wegen der Bedeutung für die Geschichte der deutsch-chinesischen Beziehungen mit aufgenommen. Hauptbestandteil der Drucksache betreffend „die am 31. März 1880 zu Peking unterzeichnete Zusatz-Konvention zu dem Deutsch-Chinesischen Freundschafts-, Schiffahrts- und Handels-Vertrage vom 2. September 1861 nebst erläuternden Spezial-Bestimmungen und Noten vom selben Tage, sowie das den Termin für die Auswechselung der Ratifikations-Urkunden vom 31. März

bis zum 1. Dezember 1881 erstreckende Protokoll vom 20. August 1880 mit einer von fünf Anlagen begleiteten Denkschrift".

Drucke. 1. BD 1881, 2, Nr. 57, S. 11—66.

2. RA 1881, 4, Nr. 126, S. 726—750.

3. RS 1881, 2, Nr. 126, S. 12—64.

Vgl. die Ausführungen des Geh. Legationsrats v. Kusserow bei der zweiten Beratung der Vorlage im Reichstag am 23. 5. 1881. (RB 1881, 2, 1251/52.)

---

8. 4. Dezember 1884. — Togogebiet und Biafra-Bai.

Drucke. 1. Selbständig. Ohne Angabe des Druckers, 2 Bl., 55 S., Aktenstücke Nr. 1—14, 14. April 1883—13. Oktober 1884.

2. BD 1884, 2, Nr. 117. Derselbe Druck wie 1.

3. RA 1884/85, 5, Nr. 41, S. 113—143.

4. RS 1884/85, 1, Nr. 41. Derselbe Druck wie 1 und 2.

Ferner: Sta 43, 224—274; Wb 1, 1—66.

Das erste der in rascher Folge erschienenen deutschen Kolonialweißbücher, in denen Fürst Bismarck die diplomatischen Vorgänge bei der Erwerbung der ersten deutschen Kolonien der Öffentlichkeit darlegte. Vgl. DKZ 2, 1885, S. 6, 64, 118: Das erste deutsche „Blaubuch"; Hagen, 253, 381 ff. und das englische Blaubuch C. 4279. Afrika. Nr. 1 (1885). Correspondence respecting affairs in the Cameroons. February 1885. (Sta 44, 289 ff.) — H. v. Poschinger: Fürst Bismarck u. der Bundesrat. Bd. 5. 1901. S. 216/17. — Die Bedeutung dieses ersten und der übrigen deutschen Kolonialweißbücher aus derselben Zeit hat dazu geführt, das Jahr 1884 allgemein als das Geburtsjahr der deutschen Weißbücher zu bezeichnen, in dem Deutschland den von anderen Staaten längst geübten Brauch der Veröffentlichung sogenannter Bunt- oder Farbbücher seinerseits aufgenommen habe. In der historisch-politischen Literatur sowie in Nachschlagewerken begegnet man immer wieder dieser, wie sich jetzt ergeben hat, irrtümlichen Angabe, die die früheren, in der Öffentlichkeit freilich weniger beachteten deutschen Weißbücher nicht berücksichtigt. Vgl. z. B. Wilhelm Bauer: Einführung in das Studium der Geschichte. 2. Aufl. Tübingen 1928, S. 269; Politisches Handwörterbuch hrsg. von P. Herre, 1, 1923, S. 554; Meyers Lexikon, 7. Aufl. 2, 1925, S. 1092.

---

9. 11. Dezember 1884. — Angra Pequena.

Drucke. 1. Selbständig. Ohne Angabe des Druckers. VII, 52 S. Zwei Hauptteile: A. Korrespondenz, betreffend die Niederlassungen der Rheinischen Missionsgesellschaft im Hererolande. I—IV, 4. November 1880—20. Oktober 1881. — B. Angra Pequena. Nr. 1—54, 16. November 1882 — 15. Oktober 1884.

2. BD 1884, 2, Nr. 125. Derselbe Druck wie 1.

3. RA 1884/85, 5, Nr. 61, S. 158—187.

4. RS 1884/85, 1, Nr. 61. Derselbe Druck wie 1 und 2.

Ferner: Sta 43, 274—320; Wb 1, 67—128. —

Vgl. GrP 4, 56 ff.; Hagen 294 ff.; Walther Stuhlmacher: Bismarcks Kolonialpolitik nach den Aktenveröffentlichungen des Auswärtigen Amtes. (Hallische Forschungen zur neueren Geschichte, 6.) Halle 1927, 33 ff.

Peace Handbooks. Issued by the Historical Section of the Foreign Office. Vol. 7. London 1920. Nr. 42. German Colonization, 46 ff., 138—141 (Bibliographie der englischen Blaubücher zur deutschen Kolonialpolitik). — Die englischen Angra Pequena-Blaubücher auszugsweise, aber unter Berücksichtigung alles Wichtigen abgedruckt im Sta 44, 90—159.

Zur Entstehungsgeschichte: 25. August 1884. Schreiben des Grafen Herbert Bismarck aus Varzin an das Auswärtige Amt: „S. D. wünscht dem im November zusammentretenden Reichstage ein Blaubuch über die Kolonialfrage vorzulegen und bittet die dazu erforderlichen Vorarbeiten jetzt schon anordnen zu wollen." — 8. November 1884. Erlaß an den Botschafter in London, Grafen Münster, „ohne Verzug festzustellen, ob die englische Regierung mit der eventuell diesseits zu bewirkenden Veröffentlichung folgender von englischer Seite ausgegangener Schriftstücke einverstanden sein würde: I. Betr. Südwest-Afrika, bezw. Angra Pequena... II. Betr. Togo-Gebiet... III. Betr. Kamerun... IV. Betr. Kongo, bezw. Konferenz-Frage..." —14. November 1884. Telegramm aus London: „Lord Granville hat keine Bedenken." — 29. November 1884. Bericht des Auswärtigen Amts an den Reichskanzler: Betrifft die Blaubücher. „Euerer Durchlaucht werden beifolgend in fünf Umschlägen die Vorarbeiten zu den Blaubüchern geh. vorgelegt, nämlich: 1. Betreffend Togo und Kamerun, 2. Betreffend Kongo, 3. Betreffend Angra Pequena, 4. Betreffend Fiji, 5. Betreffend Südsee."—

Für die außerordentliche Bedeutung, die Fürst Bismarck gerade diesen „Blaubüchern" beilegte, spricht auch seine intensive Mitwirkung bei den letzten Vorbereitungen für die Veröffentlichung. Wiederholt greift er persönlich ein, redigiert die zur Fühlungnahme mit der englischen Regierung notwendigen Depeschen nach London und gibt genaue Direktiven für alle Einzelheiten.

Hinsichtlich der Benennung sei darauf hingewiesen, daß während des ganzen Vorbereitungsstadiums niemals von „Weißbüchern", sondern immer nur von „Blaubüchern" die Rede ist. Die Bezeichnung „Blaubücher", die ja strenggenommen nur den englischen Parlamentsdrucksachen zukommt, wird hier also in der Sprache der deutschen Diplomaten in übertragener Bedeutung als Gattungsbegriff angewandt, eine Ausdrucksweise, der man auch in den Parlamenten sowie in der Presse jener Jahre vielfach begegnet, bis das „Weißbuch" nicht ohne Widerstand sich langsam durchsetzt. „Es ist töricht", schrieben z. B. die Preußischen Jahrbücher in ihrer Politischen Korrespondenz Ende April

1885 (Bd. 55, S. 582), „daß man die zur Vorlegung an die Parlamente bestimmten Sammlungen diplomatischer Aktenstücke nicht einfach allenthalben Blaubücher nennt, da man doch einen internationalen Gattungsnamen braucht.“

In der Öffentlichkeit fand das Angra Pequena-Weißbuch die günstigste Aufnahme. Aus der großen Zahl von Pressestimmen hebt sich besonders charakteristisch heraus ein ebenso gründlich wie glänzend geschriebener Artikel im „Wiener Fremdenblatt“ (Nr. 342 vom 14. 12. 1884), der sich folgendermaßen äußert: „Wenn je ein diplomatischer Feldzug mit Geschick und Erfolg, mit Energie und Eleganz geführt wurde, so ist es der, welchen Fürst Bismarck in Sachen Angra Pequenas mit der in außereuropäischen Dingen bisher als omnipotent geltenden britischen Weltmacht geführt hat. Die diplomatische Aktensammlung, welche gestern in Berlin vorgelegt wurde, liest sich wie die Sammlung der Kriegsdepeschen aus dem Jahre 1870: wohlberechnete Initiative und Vormarsch aus gesicherter Operationsbasis, kombinierte Aktion zur rechten Zeit und am rechten Ort, Schlag auf Schlag, daß dem Gegner kaum etwas anderes übrig bleibt, als Stellung um Stellung zu räumen. Hier ununterbrochenes Vordringen, dort unaufhaltsames Zurückweichen auf einer stets mit klug überlegter Courtoisie offengelassenen Rückzugslinie. Das Angra Pequena-Buch, das gestern erschien, wird auf Freunde einer guten diplomatischen Lektüre ebenso belehrend, wie stellenweise erheiternd wirken; es ist eine höchst interessante Novität in der mehr durch ihre Bändezahl als ihren Inhalt imponierenden Blaubücher-Literatur.“

10. 12. Dezember 1884. — Deutsche Interessen in der Südsee. [I.]

Drucke. 1. Selbständig. Ohne Angabe des Druckers. 2 Bl., 40 S.; Aktenstücke Nr. 1—10, 18. Dezember 1883 — 8. September 1884.

2. BD 1884, 2, Nr. 126. Derselbe Druck wie 1.
3. RA 1884/85, 5, Nr. 63, S. 196—231.
4. RS 1884/85, 1, Nr. 63. Derselbe Druck wie 1 und 2.
Ferner: Sta 43, 320—361; Wb 1, 129—178.

Vgl. Alfred Zimmermann: Geschichte der deutschen Kolonialpolitik. Berlin 1914. S. 93 ff.; Peace Handbooks, Vol. 7, 73 ff. und 140; Hagen 435 ff.

11. 19. Januar 1885. — Fidschi-Weißbuch.

Drucke. 1. Selbständig. Am Fuß von S. 75: Berlin, gedr. in der Reichsdruckerei. VII, 75 S., Aktenstücke Nr. 1—33, 31. Oktober 1874—16. September 1884.
2. BD 1885, 1, Nr. 11. Derselbe Druck wie 1.
3. RA 1884/85, 5, Nr. 115, S. 418—455.
4. RS 1884/85, 2, Nr. 115. Derselbe Druck wie 1 und 2.
Ferner: Sta 44, 13—89; Wb 2, 1—92.

Vgl. Hagen, 65—67; 91—97, besonders S. 96 über die Bedeutung des Fidschiweißbuchs, „das die befriedigende Erledigung dieser endlosen Angelegenheit darstellte, und, obwohl erst nach der Publikation der Aktenstücke über Kamerun, Angra Pequena und Samoa erschienen, doch bei der Beurteilung der Bismarckischen Kolonialpolitik zuerst heranzuziehen ist. Denn es bietet den Schlüssel zum Verständnis der Methode seines nunmehrigen Vorgehens in überseeischen Gebieten, in denen deutsche Interessenten den Schutz des Reiches benötigten."

Die englische Regierung hatte bereits 1883 zwei Fidschi-Blaubücher veröffentlicht: C. 3584. Fiji. Correspondence relative to Land Claims in Fiji. April 1883 und C. 3815. Fiji. Further Correspondence relative to Land Claims in Fiji. August 1883. Auf beide nimmt das deutsche Weißbuch naturgemäß wiederholt Bezug.

Die Entstehungsgeschichte des deutschen Weißbuchs reicht bis in den Mai des Jahres 1884 zurück.

31. Mai 1884. Schreiben des Grafen Herbert Bismarck aus Friedrichsruh an das Auswärtige Amt: „S. D. beabsichtigt über die Fiji Angelegenheit dem Reichstage ein Blaubuch vorzulegen und bittet, die Aktenstücke, die sich dazu eignen, zusammenstellen zu wollen." — 10. Juni 1884. Das Auswärtige Amt legt dem Reichskanzler Abschriften der Aktenstücke vor, „aus denen ein dem Reichstag vorzulegendes Blaubuch zusammengestellt werden kann". Beim Vortrag bestimmt der Reichskanzler, „daß zunächst abgewartet werden solle, ob eine Interpellation im Reichstage oder der Gang der Verhandlungen einen Anlaß bieten werde, auf Grund der zusammengestellten Schriftstücke ein Blaubuch vorzulegen. Das gesamte Material werde übrigens gekürzt werden können". Der Reichstag wurde am 28. Juni geschlossen, und so kam es, daß die Angelegenheit bis zum Herbst völlig ruhte und erst im November wieder aufgenommen wurde. — 21. November 1884. Erlaß an den Botschafter in London, Grafen Münster, „ohne Verzug" das Einverständnis der Englischen Regierung mit der Veröffentlichung von 9 von ihr ausgegangenen Schriftstücken festzustellen. — 28. November 1884. Telegramm aus London: Englische Regierung hat keine Bedenken. — 29. November 1884 werden die gesamten Vorarbeiten zu dem „Blaubuch" dem Reichskanzler erneut vorgelegt. —

In der englischen Presse erhob sich infolge des Fidschi-Weißbuchs ein lebhafter Kampf gegen die Politik der Regierung. (Hagen 96, Anm. 2; GrP 4,95, Fußnote.) Charakteristisch ist auch der Stoßseufzer der Times (20. Januar 1885): „When will these White Books come to an end? With the one on German interests in the South Sea, or rather with the one which he read out to the Reichstag on the Saturday before last, we had thought that the Chancellor had exhausted his Sibylline leaves. But no, out comes another, on the eve of the day when the Englisch Cabinet is to meet to consider the claims of Europe to have a material voice in the affairs of Egypt, and on the evening itself when Prince Bismarck is entertaining all the members of the West African Conference. This fresh White Book is entitled „German Land Claims on Fiji.“...

---

12. 4. Februar 1885. — Das zweite Südsee-Weißbuch, in den Akten als zweites „Südseeblaubuch“ bezeichnet.

Drucke. 1. Selbständig. Am Fuß der letzten S.: Berlin, gedr. in der Reichsdruckerei. VIII, 82 S., Aktenstücke Nr. 1—47, 11. November 1880—26. Januar 1885.

2. BD 1885, 1, Nr. 21. Derselbe Druck wie 1.

3. RA 1884/85, 6, Nr. 167, S. 686—728.

4. RS 1884/85, 2, Nr. 167. Derselbe Druck wie 1 und 2.

Vgl. Sta 44, 160 ff.; Wb 2, 93—190.

Auch an der Herstellung dieses Weißbuchs beteiligte sich Fürst Bismarck durch eigenhändige Prüfung der einzelnen Aktenstücke. Am 3. Februar 1885 legte das Auswärtige Amt (Referent: Geheimer Legationsrat v. Kusserow) dem Reichskanzler ein revidiertes Druckexemplar vor. Der betreffende Bericht bemerkt: „Die Aktenstücke unter Nr. 1—25, 28, 29, 31, 33—37 hatten Euerer Durchlaucht bereits vorgelegen. Die Aufnahme der übrigen Aktenstücke, unter Nr. 26, 27, 30, 32, 38—47 entspricht der mit Rücksicht auf die jüngsten Maßnahmen Englands in Neu-Guinea von Euerer Durchlaucht erteilten Weisung.“

„In der Voraussetzung, daß Euere Durchlaucht die baldige Verteilung der Sammlung wünschen [1], ist der Entwurf zu einem Übersendungsschreiben an den Bundesrat und den Reichstag gehorsamst beigefügt.“

Besprechung des Weißbuchs in der Times vom 7. 2. 1885 (The New Guinea Question).

„Den buchhändlerischen Vertrieb der amtlichen Abdrucke der dem Bundesrat und dem Reichstag bereits vorgelegten und demnächst etwa noch vorzulegenden Sammlungen von Aktenstücken, betreffend deutsche Kolonialpolitik“ übertrug das Auswärtige Amt am 24. Dezember 1884 der Firma L. Friederichsen & Co. in Hamburg. Die Weißbücher Nr. 8—12 erschienen dort 1885 unter dem Titel:

Weißbuch, Aktenstücke betreffend deutsche Unternehmungen in Afrika und in der Südsee. Amtliche Ausgabe.

I. Togogebiet und Biafrabay.

II. Angra Pequena.

III. Südsee I.

IV. Südsee II.

V. Deutsche Landreklamationen auf Fidji.

Nach einer Mitteilung der Firma vom 3. Dezember 1925 ist auch diese Ausgabe völlig vergriffen und nicht mehr lieferbar.

Bei dem von Carl Heymanns Verlag in Berlin herausgegebenen „Weißbuch" handelt es sich um einen nichtamtlichen Abdruck.

[1] Randbemerkung des Fürsten Bismarck: ja.

13. 8. April 1885. — Kongo-Frage.

Drucke. 1. Selbständig. Am Fuß der letzten S.: Berlin, gedr. in der Reichsdruckerei. VII, 60 S., 1 Kt.; Aktenstücke Nr. 1—44, 6. März 1884—26. Februar 1885. Das erste Weißbuch in besonderem Titel-Umschlag. Auf S. 4 des Umschlags die Bemerkung: „Die vorstehende Publikation nebst Karte ist im Wege des Buchhandels von der Verlagshandlung L. Friederichsen & Comp. in Hamburg zu beziehen." Siehe 5.

2. BD 1885, 1, Nr. 60. Derselbe Druck wie 1.

3. RA 1884/85, 7, Nr. 290, S. 1640—1670.

4. RS 1884/85, 4, Nr. 290. Derselbe Druck wie 1 und 2.

5. Ausgabe für den Buchhandel. Derselbe Druck wie 1, 2 und 4. Auf dem Titelblatt: Mit Genehmigung des Auswärtigen Amts herausgegeben. Hamburg. L. Friederichsen & Comp. 1885.

Ferner: Wb 3, 1—70; Sta 45, 1—252: Berliner (Westafrikanische) Konferenz. — Die General-Akte der Konferenz

(Nr. 44, S. 45—60 des Weißbuchs) auch in: Aktenstücke betreffend die Afrikanische Konferenz. Berlin: Mittler & Sohn 1885. (Aus: Deutsches Handels-Archiv.) — Vgl. (Robolsky): Die Deutsche Kolonialpolitik, 3, 96 ff.; DKZ 1888, 57, 66, 84 (T. Fabri: Kolonialpolitische Skizzen. 1. Die Berliner (Kongo-)Konferenz); Herrfurth 224 ff., 371 ff.; Peace Handbooks, Vol. 7, Nr. 42, S. 33 ff., 139, 140; Paul Darmstaedter: Geschichte der Aufteilung und Kolonisation Afrikas. Bd. 2. 1920, S. 43 ff.; Hagen 322 ff., 425 ff., 494 ff.; GrP 3, 413, 426.

14. 5. Mai 1885. — Egypten.

Drucke. 1. Selbständig. Druckvermerk wie bei 13, 1. IV, 39 S.; Aktenstücke Nr. 1—21, 29. November 1884 —27. März 1885. Besonderer Titel-Umschlag.

2. BD 1885, 1, Nr. 80. Derselbe Druck wie 1.

3. RA 1884/85, 7, Nr. 371, S. 1878—1897.

4. RS 1884/85, 5, Nr. 371. Derselbe Druck wie 1 und 2.

Wb 3, 71—116. Vgl. Sta 46, 37—117; Hagen 372 ff.; Schulthess' Europ. Geschichtskal. N. F. 1. 1885, 83—85. —

Auch in diesem Fall beteiligte sich der Reichskanzler persönlich an der Redaktion des Weißbuchs. Am 13. April 1885 wurde ihm eine „zur Vorlage an den Bundesrat und den Reichstag geeignete Zusammenstellung von Aktenstücken betr. Egypten der erhaltenen Weisung gemäß geh. vorgelegt". Bei der Durchsicht schreibt Fürst Bismarck an den Rand: „Die mit * bezeichneten Stücke bleiben besser fort, bei den mit „engl." bez. wird die englische, bei den mit „franz." bez. die französische Zustimmung zur Veröffentlichung nötig sein."

„Die Vorlage des Weißbuchs über Egypten erfolgte lediglich aus Gründen der äußeren Politik, — namentlich zur Beleuchtung unserer politischen Stellung gegenüber dem Kabinett Gladstone." (Aktennotiz von der Hand des Geh. Legationsrats v. Brauer.)

15. 6. Dezember 1888. — Aufstand in Ostafrika.

Druck . 1. Selbständig. Am Fuß der letzten S.: Berlin, gedr. in der Reichsdruckerei. (Derselbe Druckvermerk an derselben Stelle bei sämtlichen Fortsetzungen: Nr. 16, 17, 22, 24, 26, 28, 29, 31.) VII, (56) S.; Aktenstücke Nr. 1—44, 5. Mai 1888—4. Dezember 1888.

2. BD 1888, 2, Nr. 147. Derselbe Druck wie 1.

3. RA 1888/89, 4, Nr. 41, S. 389—417.

4. RS 1888/89, 2, Nr. 41. Derselbe Druck wie 1 und 2.

Wb 4, 1—70; Sta 50, 1—112. — Vgl. Jahrbuch 2, 41 ff.; DKZ 1888, 413—418, 427—430; Rochus Schmidt: Geschichte des Araberaufstandes in Ost-Afrika. Frankfurt a. O. (1892), besonders S. 37, 38; Hagen 550, 551. Eine eingehende Darstellung der „Genesis des ostafrikanischen Aufstandes" in Bi 12, 517 ff.

Zur Entstehungsgeschichte: 22. November 1888. Bericht des Staatssekretärs Grafen Herbert Bismarck an den Reichskanzler. Betrifft Weißbuch über die ostafrikanischen Verhältnisse. Referent: Dr. Krauel. „Nachdem in der heutigen Thronrede bei Besprechung der afrikanischen Angelegenheiten eine Mitteilung über Inhalt und Zweck des mit England getroffenen Abkommens und im Anschluß daran weitere Vorlagen für den Reichstag angekündigt sind, bitte ich um hochgeneigte Weisung, ob, entsprechend der schon früher geäußerten Absicht Euerer Durchlaucht, die Zusammenstellung eines Weißbuches über Ost-Afrika erfolgen soll."

„Der Text des Abkommens mit England über die Blockade-Angelegenheit nebst einem einleitenden deutschen Memorandum, sowie verschiedene Berichte des Generalkonsuls Michahelles über die ostafrikanischen Unruhen sind bereits im Staatsanzeiger publiziert. Bei einer Veröffentlichung von weiteren Aktenstücken würde es sich darum handeln, ein Bild über die Entstehung und den Verlauf des Aufruhrs sowie über den Gang der bisherigen diplomatischen Verhandlungen in dieser Angelegenheit zu geben, was mit

Rücksicht auf die beabsichtigte Forderung von Krediten für Maßregeln zur Wiederherstellung der Ordnung und Verhinderung der Sklavenjagden in Ost-Afrika vielleicht nützlich sein kann.“ [1]

„Für den Fall, daß Euere Durchlaucht mit der Vorbereitung eines Weißbuchs einverstanden sind [2], bitte ich ferner um Bestimmung darüber, ob die betreffenden Aktenstücke Euerer Durchlaucht gedruckt [3] vorgelegt werden sollen, was die Durchsicht derselben sehr erleichtert, allerdings auch mit nicht unerheblichen Kosten verknüpft ist.“

Randbemerkungen des Fürsten Bismarck:

[1] „vielleicht nützlich sein kann“ eingeklammert und „notwendig ist“ darüber geschrieben. Dazu die Bemerkung: jedenfalls! auch die schon im St[aats-]Anz[eiger] veröffentlichten Berichte sind doch dem R[eichs]tag formell vorzulegen.

[2] „einverstanden“ unterstrichen. Dazu: ich habe in dem Glauben gelebt, daß ich es seit lange schon angeordnet hätte.

[3] ja.

1. Dezember 1888. Der Staatssekretär Graf Herbert Bismarck legt dem Reichskanzler „die befohlene Zusammenstellung von Aktenstücken für ein Weißbuch über Ost-Afrika“ vor und erläutert sie durch eine ausführliche Inhaltsangabe. Gleichzeitig erfolgen telegraphische Anweisungen an die Vertretungen in Brüssel und Paris, das Einverständnis der betreffenden fremden Regierung mit dem Abdruck bestimmter von ihr ausgegangener Noten und Äußerungen nachzusuchen, ferner Rückfragen beim Reichskanzler wegen nachträglicher Aufnahme dieses oder jenes Stückes. Fürst Bismarck unterzieht sozusagen jede Zeile einer scharfen Prüfung und entscheidet persönlich jede Einzelfrage. Am 4. Dezember 1888 berichtet das Auswärtige Amt (Legationsrat Stemrich) dem Staatssekretär Grafen Herbert Bismarck über die Verhandlungen mit der Reichsdruckerei und bittet um eine Entscheidung über den Titel des Weißbuchs. „Wie

dies auch bei den früheren Weißbüchern geschehen ist, wird es sich schon des leichteren Zitierens wegen empfehlen, der Veröffentlichung einen Titel zu geben. [!] Soll als Titel „Unruhen in Afrika" gewählt werden?" Der Staatssekretär ändert den vorgeschlagenen Titel in „Aufstand in Ostafrika". Am 5. Dezember legt der Staatssekretär dem Reichskanzler den Entwurf zu einem Schreiben vor, mit dem das Weißbuch dem Bundesrat und Reichstag übersandt werden soll. Fürst Bismarck zeichnet das Schreiben in Friedrichsruh am 6. Dezember 1888.

Das Erscheinen des Weißbuchs veranlaßte die Tagespresse zu lebhaften Erörterungen der ostafrikanischen Frage. Vgl. z. B. Freisinnige Zeitung, Nr. 290 vom 9., Nr. 291 vom 11. 12. 1888; Germania, Nr. 285 und 286 vom 11. und 12. 12. 1888; Frankfurter Zeitung, Erstes Morgenblatt vom 11. 12. 1888. Die Weser-Zeitung wies in ihrer Morgen-Ausgabe vom 11. 12. 1888 darauf hin, „daß unter den 44 Stücken der dem Reichstage vorgelegten Sammlung die Hälfte nur im „Auszuge", d. h. soweit mitgeteilt ist, wie es nach amtlicher Diskretion erlaubt erscheint... Über die letzten großen Fragen in der schwebenden Angelegenheit gibt das Weißbuch keinen Aufschluß".

16. 12. Januar 1889. — Aufstand in Ostafrika. Fortsetzung [a].

Drucke. 1. Selbständig. S. VIII—X, 57—68; Aktenstücke Nr. 45—59, 16. November 1888—7. Januar 1889.

2. BD 1889, 1, Nr. 4. Derselbe Druck wie 1.

3. RA 1888/89, 4, Nr. 60, S. 445—451.

4. RS 1888/89, 2, Nr. 60. Derselbe Druck wie 1 und 2. Hier, auf dem Vorderumschlag links am Rande neben dem Text des Übersendungsschreibens, in dem der Reichskanzler „auf sein Schreiben vom 6. Dezember v. J." Bezug nimmt, Hinweis auf „Nr. 41 der Reichstags-Drucksachen" (das

erste, unmittelbar vorhergehende Weißbuch über denselben Gegenstand). Wb 4, 71—84. Vgl. DKZ 1889, 20—22.

Bereits am 8. Dezember 1888 telegraphierte der Vortragende Rat in der Reichskanzlei Herr von Rottenburg an das Auswärtige Amt, der Reichskanzler wünsche, daß die Noten „betreffend Teilnahme Italiens an der Blockade der ostafrikanischen Küste und betreffend Mitwirkung Portugals zur Unterdrückung der Unruhen in Ost-Afrika in das Weißbuch aufgenommen werden". Das Auswärtige Amt konnte jedoch diesem Wunsche nicht mehr entsprechen, da das Weißbuch, wie der Staatssekretär Graf Herbert Bismarck an demselben Tage nach Friedrichsruh berichtete, gemäß der eigenen Anordnung des Fürsten Bismarck bereits mit tunlichster Beschleunigung gedruckt und verteilt war. Daraus ergab sich sogleich die Notwendigkeit, einen entsprechenden Nachtrag ins Auge zu fassen. Bei den Vorbereitungen war der Reichskanzler selbst wieder einer der eifrigsten Mitarbeiter. Kaum ein anderes Weißbuch trägt so sehr den Stempel seiner persönlichsten Mitwirkung wie die vorliegende, ganz nach seinen Anordnungen hergestellte erste Fortsetzung des „Aufstandes in Ostafrika". Er sieht jedes der ihm vorgelegten Dokumente genau durch, nimmt Streichungen vor, macht stilistische Zusätze und bekundet bei einzelnen Aktenstücken (Nr. 47 und 48) seine Zustimmung durch ein an den Rand geschriebenes „gut". Durch eine Marginal-Verfügung zu dem ihm unterbreiteten Bericht des Generalbevollmächtigten der Deutsch-Ostafrikanischen Gesellschaft Ernst Vohsen (Nr. 50) bestimmt Fürst Bismarck, „daß dieses Schriftstück ebenfalls im Weißbuch zum Abdruck kommen soll, damit es bekannt werde, mit welch unklaren und ungebildeten Organen die Ostafrikanische Gesellschaft ihre Geschäfte betreibt". (Direktive aus Friedrichsruh vom 3. Januar 1889.)

17. 25. Januar 1889. — Aufstand in Ostafrika. Fortsetzung [b].

Drucke. 1. Selbständig. 2 Bl., S. 69—72; Aktenstücke Nr. 60—62, 17. Dezember 1888—2. Januar 1889.

2. BD 1889, 1, Nr. 10. Derselbe Druck wie 1.

3. RA 1888/89, 4, Nr. 76, S. 505—507.

4. RS 1888/89, 2, Nr. 76. Derselbe Druck wie 1 und 2. Wb 4, 85—89; Jahrbuch 2, 189—192. Das Weißbuch vom 6. Dezember 1888 und die beiden Fortsetzungen vom 12. und 25. Januar 1889 (Nr. 15—17) bilden eine bibliographische Einheit mit durchlaufender Seitenzählung und Numerierung.

---

18. 15. Februar 1889. — Samoa.

Drucke 1. Selbständig. Am Fuß der letzten S.: Berlin, gedr. in der Reichsdruckerei. (Ebenso bei sämtlichen Fortsetzungen: Nr. 19—21, 30, 37.) VIII, 74 S.; Aktenstücke Nr. 1—44, 8. Dezember 1886—17. Dezember 1888.

2. BD 1889, 1, Nr. 18. Derselbe Druck wie 1.

3. RA 1888/89, 5, Nr. 110, S. 557—594.

4. RS 1888/89, 2, Nr. 110. Derselbe Druck wie 1 und 2. Wb 5, 1—95; Jahrbuch 3, 1—97. Vgl. DKZ 1889, 57—59, 67—69; Wippermann: Deutscher Geschichtskalender 1889, 1, 303 ff.; Zimmermann: Gesch. d. Deutschen Kolonialpol. 288 ff.; Herrfurth 243 ff., 393 ff.; Hagen 70 (Anm. 4), 86, 459/60 (Anm. 5); GrP 4, 406. —

Als in der Reichstagssitzung vom 15. Januar 1889 bei der Beratung des auswärtigen Etats für das Rechnungsjahr 1889/90 auch die Samoafrage zur Sprache gebracht wurde, äußerte der Abgeordnete Richter: „. . . ich wünschte, daß die Regierung auch uns ein Weißbuch über Samoa vorlegt; die Verhältnisse dort sind so unklar, daß wir ein Recht haben, nachdem dort so und so viel Mannschaften ihr Leben verloren haben, zu wissen, wie es zugegangen ist, daß sich dort die Streitigkeiten in der Weise zugespitzt haben". (RB 1888/89,

1, 445.) Darauf antwortete Fürst Bismarck mit folgenden Ausführungen: „Er (der Abgeordnete Richter) hat ein Weißbuch über Samoa vermißt. Ja, meine Herren, das sind wir ganz bereit Ihnen vorzulegen, wenn nur erst die Berichte eingegangen sind. Telegramme bringen nur Bruchstücke von dem, was geschehen ist; Telegramme sind sehr teuer und gehen doch mit den Seefahrten, die sie durchmachen müssen, glaube ich, 14 Tage oder 3 Wochen. Die Berichte haben wir also nicht, und sobald wir sie haben, werden wir ja unsere Maßregeln treffen können; auf Fragmente von Telegrammen hin kann man politische Entschließungen nicht treffen. Aber dann sollen Sie auch Ihr Weißbuch haben, und dann wird Herr Richter vielleicht noch eine hübsche Blumenlese von Kritik der Handlungen der Regierung und der Kolonialbestrebungen überhaupt daraus machen können. — Jeder hat eben sein Geschäft.“ (Bi 12, 555/56.) Im Anschluß an diese Zusage des Reichskanzlers wurde im Auswärtigen Amt sofort mit den entsprechenden Vorarbeiten begonnen. Am 24. Januar bringt der Referent Dr. Krauel „die für ein Weißbuch über Samoa ausgewählten und für den Druck mundierten Aktenstücke“ bei dem Staatssekretär Grafen Herbert Bismarck zur Vorlage. „Bei der Auswahl aus dem sehr umfangreichen Aktenmaterial ist der Gesichtspunkt maßgebend gewesen, die amerikanischen Intrigen in Samoa und die relative Unbedeutendheit der dortigen amerikanischen Interessen aktenmäßig zu illustrieren und demgegenüber die loyale Haltung und Langmut der Kaiserlichen Regierung hervortreten zu lassen.“ Am 28. Januar werden die „für ein Weißbuch über Samoa ausgewählten Aktenstücke in Druckabzügen“ dem Fürsten Bismarck vorgelegt, der nunmehr die weitere Gestaltung genau überwacht, jedes Aktenstück auf die Goldwage legt, ob es sich zur Veröffentlichung eignet, und Ungeeignetes unter weitblickendem Hinweis auf die Folgen, die durch die Veröffentlichung entstehen könnten, beanstandet. Die Fertigstellung des Weißbuchs erleidet eine gewisse Verzögerung durch die von dem

Reichskanzler gewünschte, sich wiederholt als notwendig erweisende Verständigung mit der Admiralität als dem nächstbeteiligten Ressort. Erst am 14. Februar können die Arbeiten abgeschlossen werden. Am folgenden Tage geht das Weißbuch dem Bundesrat und Reichstag zu.

Am 19. Februar wurde dem Reichskanzler ein Pressebericht über die Aufnahme des Weißbuchs in der Öffentlichkeit zusammen mit den betreffenden Zeitungsartikeln vorgelegt. In dem Bericht heißt es: „Die Vossische Zeitung und Kölnische Zeitung erkennen an, daß die Kaiserliche Regierung auch in Bezug auf Samoa ihre gewohnte vorsichtige und streng vertragsmäßige Haltung beobachtet habe. Die Vossische Zeitung konstatiert jedoch übereinstimmend mit dem Berliner Börsen-Courier den auffälligen Versuch der kaiserlichen Organe [1] auf Samoa, über die vorgeschriebenen Grenzlinien hinauszugehen [2]. Der Börsen-Courier fordert bei diesem Anlaß ein besonderes Konsular-Verantwortlichkeitsgesetz [3]".

Randbemerkungen des Fürsten Bismarck *):

[1] Knappe!

[2] richtig.

[3] Arnim §!

Der fragliche Leitartikel des Börsen-Couriers (Nr. 87 vom 17. 2. 1889) sagt mit Betonung: „Wir wiederholen, daß die deutschen Konsularbeamten jedenfalls so gehandelt haben, wie nach ihrem [1] Ermessen gehandelt werden mußte, und wir fügen hinzu, daß, wenn es nicht angängig ist, die Konsularbeamten in eine straffere Disziplin zu bringen, die Verantwortlichkeit des leitenden Ministers tatsächlich nullifiziert wird [2]."

Randbemerkungen des Fürsten Bismarck:

[1] morbus.

[2] richtig.

Der in der Freisinnigen Zeitung vom 17. 2. 1889 erschie-

---

*) Vgl. hierzu die auf S. 144 wiedergegebene Äußerung des Fürsten Bismarck in der Sitzung des Staatsministeriums am 17. August 1889.

nene Leitartikel „In der Sackgasse“ beginnt mit den Worten: „Die deutsche Diplomatie ist auf der Insel Samoa in eine arge Sackgasse geraten. Dies und nichts anderes wird durch das dem Reichstage soeben übermittelte Weißbuch über die Vorgänge in Samoa aktenmäßig festgestellt.“ Fürst Bismarck schreibt dazu an den Rand das eine, aber vielsagende Wort „Triumph“!

Bemerkenswert ist das Urteil der Times vom 18. 2. 1889: „The German White-book on Samoa affairs, of which a sufficient summary has already appeared in The Times, has created on the whole an excellent impression here, and is universally regarded as another brilliant testimonial to the diplomatic sagacity, moderation, and uprightness of the Imperial Chancellor“.

---

19. 21. März 1889. — Samoa. Fortsetzung [1].

Drucke. 1. Selbständig,. S. IX—X, 75—110; Aktenstücke Nr. 45—47, 31. Januar 1889—9. März 1889.

2. BD 1889, 1, Nr. 34. Derselbe Druck wie 1.

3. RA 1888/89, 5, Nr. 138, S. 874—890.

4. RS 1888/89, 3, Nr. 138. Derselbe Druck wie 1 und 2.

Wb 6, 1—45; Jahrbuch 3, 97—118. Vgl. DKZ 1889, 135/36; National-Zeitung, Nr. 190 vom 23. 3., Frankfurter Zeitung, Nr. 82 vom 23. 3., Weser-Zeitung, Nr. 15186 vom 24. 3. 1889. Die Münchener Allgemeine Zeitung (Nr. 87 vom 28. 3. 1889) urteilt: „Die Aktenstücke, welche dem Reichstage über die Vorgänge in Samoa neuerlich zugegangen und in diesen Blättern mitgeteilt sind, machen keinen erfreulichen Eindruck. Sie rechtfertigen vollauf die Äußerung des Reichskanzlers über den furor consularis und die Abberufung des Konsuls Knappe aus Apia, weil, wie es in dem Erlaß an dessen Nachfolger vom 9. März heißt, ‘derselbe in seinem Auftreten den Vertretern der fremden Mächte wie auch den Eingeborenen gegenüber nicht mit der Ruhe und Kaltblütigkeit vorgegangen ist, welche für eine richtige

Behandlung internationaler Fragen die unerläßliche Vorbedingung bilden'." (Nr. 47.)

Den Ausdruck furor consularis brauchte Fürst Bismarck in einem größeren Kreise zum ersten Male gelegentlich des parlamentarischen Diners, das am 22. Februar 1889 im Reichskanzlerpalais stattfand. (Vgl. H. v. Poschinger: Fürst Bismarck und die Parlamentarier. Bd. 1. 2. Aufl. 1894, S. 296/97.) Die Vossische Zeitung (Nr. 141 vom 24. 3. 1889) berichtet darüber: „Fürst Bismarck hat auf der jüngsten parlamentarischen Gesellschaft von dem morbus consularis gesprochen, ein Ausdruck, den er um jene Zeit häufiger gebraucht haben muß. Sprach aber Fürst Bismarck von dieser Konsulkrankheit im allgemeinen, so hatte er die Herren Dr. Becker [1]) und Michahelles [2]) im Auge; von dem Konsul Dr. Knappe in Apia brauchte er einen noch stärkeren Ausdruck, der sei vom furor consularis besessen. Das jüngste Weißbuch über Samoa ist bestimmt und geeignet, das herbe Urteil zu rechtfertigen." Die Zeitung schließt ihre Betrachtung mit den Worten: „Hoffentlich weiß derjenige, der den ‚morbus' und ‚furor consularis' entdeckt hat, auch die Mittel zur Bekämpfung dieser Krankheiten zu finden, damit die gefährliche Epidemie nicht um sich greife".

Ähnlich äußerte sich der Reichskanzler in der Sitzung des Staatsministeriums am 17. August 1889: „Der Konsul Knappe müsse disziplinarisch belangt werden oder gerichtlich auf Grund des Arnimgesetzes. Er möge ein ganz braver Mensch sein, sei aber vom furor consularis erfaßt worden." (Lucius v. Ballhausen: Bismarck-Erinnerungen, S. 501; vgl. auch Max Klemm: Was sagt Bismarck dazu? Bd. 1. 1924, S. 461, ebenso die oben erwähnten Randbemerkungen des Fürsten Bismarck, S. 142.)

Der im Zusammenhang mit den Samoawirren viel genannte, damals aus Apia abberufene und in den einstweiligen Ruhestand versetzte Konsul Knappe kehrte später in den

[1]) Knappes Vorgänger in Apia.

[2]) In Zanzibar.

diplomatischen Dienst zurück, wurde 1895 Konsul in Kanton, 1899 Generalkonsul in Shanghai, trat 1906 in den Ruhestand und starb am 5. Februar 1910. (Vgl. Deutsches Zeitgenossenlexikon. Leipzig 1905, S. 751; Biographisches Jahrbuch 15, 47*.)

---

20. 18. April 1889. — Samoa. Fortsetzung [2].

Drucke. 1. Selbständig. 2 Bl., S. 111—(116); Aktenstücke Nr. 48—49, 26. Februar 1889—16. April 1889.

2. BD 1889, 1, Nr. 41. Derselbe Druck wie 1.

3. RA 1888/89, 6, Nr. 210, S. 1234—1236.

4. RS 1888/89, 4, Nr. 210. Derselbe Druck wie 1 und 2. Wb 6, 45—51; Jahrbuch 3, 118—124.

Die Presse beschäftigte sich mit dieser zweiten Fortsetzung des Samoa-Weißbuchs in besonders gründlicher und ausführlicher Weise, hauptsächlich wegen des wichtigen, unter Nr. 49 veröffentlichten Erlasses, den Fürst Bismarck am 16. April 1889 an den Generalkonsul Stübel, den Nachfolger des Konsuls Knappe in Apia, gerichtet hatte. Der Erlaß, der das Verhalten Knappes noch einmal nachdrücklich verurteilte, erschien vor allem deshalb so bedeutsam, weil er „den Charakter der deutschen Politik an jener Stelle und wahrscheinlich den nunmehrigen Charakter der gesamten deutschen Kolonialpolitik in einer Form und mit einer Absicht festlegt, welcher augenscheinlich der Stempel der Endgültigkeit aufgedrückt ist". (Pester Lloyd, 25. 4. 1889.) Übereinstimmend kam vielfach die Ansicht zur Geltung, daß das vorliegende Weißbuch weniger an den Reichstag, als vielmehr an die Adresse der Vertragsmächte gerichtet sei. Auch wurde bemerkt, daß „die bisher unverbrüchlich beobachtete und in der Tat auch sehr wohl begründete Gepflogenheit, diplomatische Aktenstücke niemals früher zu veröffentlichen, als bis der Empfänger oder der sonst an ihnen Interessierte sie erhalten hatte" (Pester Lloyd), in diesem Falle außer acht gelassen war. Mit Recht folgerte man aus der Tatsache der schleunigen Bekanntgabe des Erlasses vom 16. April, der seinen Empfänger erst nach Wochen erreichen konnte, daß ihm eine besondere politische Bedeutung zukommen müsse, und daß sein Inhalt in erster Linie dazu bestimmt sei, der bevorstehenden Samoakonferenz die Wege zu ebnen. Vgl. die Ausführungen der Frankfurter Zeitung (Abendblatt vom 20. 4.), der Münchener Neuesten Nachrichten (Nr. 184 vom 20. 4.) und der Rheinisch-Westfälischen Zeitung vom 21. 4. 1889.

21. 3. Mai 1889. — Samoa. Fortsetzung [3].

Drucke. 1. Selbständig. 2 Bl., S. 117—124; Aktenstücke Nr. 50—52, 21. März 1889—26. März 1889.

2. BD 1889, 1, Nr. 45. Derselbe Druck wie 1.

3. RA 1888/89, 6, Nr. 214, S. 1359—1362.

4. RS 1888/89, 4, Nr. 214. Derselbe Druck wie 1 und 2.

Wb 6, 52—62. — Das Weißbuch vom 15. Februar und die drei Fortsetzungen vom 21. März, 18. April und 3. Mai 1889 (Nr. 18—21) bilden eine bibliographische Einheit mit durchlaufender Seitenzählung und Numerierung.

Fürst Bismarck hat den ihm am 3. Mai vorgelegten Probedruck des Weißbuchs sofort durchkorrigiert. Die 8 Druckseiten enthalten 10 Korrekturen beziehungsweise stilistische Änderungen von der Hand des Reichskanzlers, auf die er selbst durch die Bemerkung „Correkturen im Druck" noch ausdrücklich hinweist. Die eigenhändigen Korrekturen des Fürsten Bismarck verdienen in jedem Fall besondere Beachtung. Sie zeigen, in welchem Maße sein diplomatisches Verantwortlichkeitsgefühl sich auch auf Kleines und Kleinstes erstreckt, und mit welcher Sicherheit er durch geringfügige Streichungen, durch Änderung eines Wortes oder Umgestaltung eines Satzes, jede mögliche Wirkung abwägend, diese in die von ihm als richtig erkannte Linie lenkt. Einige Beispiele mögen dies erläutern.

I. S. 117. Nr. 50. Bericht des Konsuls Knappe aus Apia, den 21. März 1889.

Der Amerikaner Hamilton, früher zeitweise Verwalter des hiesigen amerikanischen Konsulates... betreibt am hiesigen Platze ein kleines Kramgeschäft. Seinen Hauptverdienst hat er in den letzten Jahren mit der Einfuhr von Waffen und Munition für die Rebellen [1] gemacht.

[1] „für die Rebellen" gestrichen.

II. Jene Samoahütten sind es, die von dem Landungskorps der „Olga" am 21. Dezember v. J. niedergebrannt sind. Ob eine amerikanische Flagge über einer derselben geweht, hat nicht festgestellt werden können. Von den bei der Landung beteiligten Offizieren und Leuten wird es entschieden in Abrede gestellt. Es ist nicht ausgeschlossen, daß die dem Staatsdepartement der Vereinigten Staaten eingesandten Überreste von einer Flagge herrühren, welche innerhalb einer der verbrannten Samoahütten aufbewahrt gewesen ist, oder daß Herr Hamilton [2] jene Überreste künstlich präpariert hat [3].

[2] „Herr Hamilton" gestrichen. — [3] „hat" gestrichen und stattdessen „worden sind" eingesetzt.

III. S. 121. Nr. 51. Bericht des Konsuls Knappe aus Apia, den 25. März 1889.

Die amerikanischen Matrosen machen einen geradezu verwilderten Eindruck. Sie verweigern jede Arbeit und versuchen sich geistige Getränke zu verschaffen. Der Admiral Kimberly hat vor seinen eigenen Leuten solche Besorgnis, daß er zu außerordentlichen Maßregeln seine Zuflucht genommen hat.

Die drei Sätze werden unter Zustimmung und Mitwirkung des Reichskanzlers folgendermaßen abgeändert:

Die Disziplin der amerikanischen Matrosen erscheint gelockert. Sie verweigern die Arbeit und versuchen sich geistige Getränke zu verschaffen. Der Admiral Kimberly hat zu außerordentlichen Maßregeln seine Zuflucht genommen.

IV. S. 123. Nr. 52. Bericht des Konsuls Knappe aus Apia, den 26. März 1889.

Auch die Führer der Partei Mataafas sind unter sich nicht mehr einig. Mataafa selbst ist nie mehr als eine Puppe [1] gewesen.

[1] „ein Werkzeug".

---

22. 31. Oktober 1889. — Aufstand in Ostafrika. Fortsetzung [c].

Drucke. 1. Selbständig. IV, 34 S.; Aktenstücke Nr. 1—21, 3. April 1889—2. November 1889. Nr. 21, als „Nachtrag" bezeichnet, fehlt im Inhaltsverzeichnis. Mit der vorliegenden Fortsetzung beginnt eine neue Seitenzählung und Numerierung.

2. BD 1889, 2, Nr. 90. Derselbe Druck wie 1.

3. RA 1889/90, 3, Nr. 44, S. 88—103.

4. RS 1889/90, 1, Nr. 44. Derselbe Druck wie 1 und 2. Bei 3 und 4 wird durch den Vermerk „cfr. Nr. 76 der Drucksachen des Reichstages der vorigen Session" eine Verbindung mit der letzten Fortsetzung [b] vom 25. Januar 1889 (Nr. 17) hergestellt.

Wb 6, 63—106; Jahrbuch 3, 129—171. —

Die Veröffentlichung des Weißbuchs erfolgte unmittelbar auf Veranlassung des Fürsten Bismarck. Am 28. Oktober ging dem stellvertretenden Staatssekretär von Holstein folgende Direktive zu (datiert: Friedrichsruh, den 27. Oktober 1889, gezeichnet: Brauer):

„Der Herr Reichskanzler wünscht, daß dem Reichstage über die militärischen Erfolge Wißmanns und Gravenreuths [1])

---

[1]) Hauptmann Freiherr v. Gravenreuth, Stellvertreter Wißmanns.

und die gegenwärtige verbesserte Lage in Ostafrika möglichst bald eine Mitteilung gemacht werde im Anschluß an das frühere Weißbuch über Zanzibar."

„Dem Herrn Reichskanzler liegt mehr an der Schleunigkeit als an der Vollständigkeit der Vorlage; er bittet einfach um Abdruck der ergangenen Berichte und Telegramme, soweit sie zur Veröffentlichung geeignet sind."

„Mit Bezug auf den Wißmannschen Bericht vom 23. September [1]) hat der Herr Reichskanzler noch bemerkt, daß nur das Günstige und Unverfängliche daraus veröffentlicht werden solle, namentlich aber nichts über die Absichten und weiteren Pläne des Reichskommissars. Diese müssen sorgfältig geheim gehalten werden, da im Falle einer öffentlichen Mitteilung im Reichstag die Kenntnis bis zu unseren Feinden in Ostafrika dringen könne."

Dieser Direktive gemäß wurde die Fertigstellung des Weißbuchs so beschleunigt, daß es bereits am 30. Oktober nach Friedrichsruh gesandt werden konnte.

Der Immediatbericht, mit dem der Unterstaatssekretär Graf Berchem am 4. November dem Kaiser ein Exemplar des Weißbuchs überreicht, faßt den Inhalt in folgenden Sätzen zusammen: „Die Sammlung enthält die Berichte Euerer Majestät Kommissars Hauptmann Wissmann und dessen Stellvertreters über das militärische Vorgehen gegen die Aufständischen. Mit der Ankunft des Hauptmanns Wißmann in Zanzibar beginnend, schließt die Sammlung mit den in den letzten Tagen aus Ost-Afrika eingegangenen Telegrammen, sodaß ein tunlichst vollständiges Bild von der Tätigkeit der Truppe und ihren Erfolgen gegeben ist."

---

23. 18. November 1889. — Deutsche Interessen im Nigergebiete.

Drucke. 1. Selbständig. Am Fuß der letzten S.: Berlin,

[1]) Nr. 14. Ausführung der Expedition in das Innere.

gedr. in der Reichsdruckerei. 2 Bl., 57 S.; Aktenstücke Nr. 1—3, 26. September 1888—2. Oktober 1889.

2. BD 1889, 2, Nr. 98. Derselbe Druck wie 1.

3. RA 1889/90, 3, Nr. 68, S. 255—281.

4. RS 1889/90, 1, Nr. 68. Derselbe Druck wie 1 und 2.

Bei 3 und 4 wird zum erstenmal das Aktenzeichen des Auswärtigen Amtes mitgedruckt.

Wb 7, 1—70; Jahrbuch 3, 190—215. Vgl. DKZ 1889, 347—350.

Zur Entstehungsgeschichte. Am 15. Oktober legt der Referent Dr. Krauel dem Staatssekretär Grafen Herbert Bismarck „den befohlenen Entwurf eines Weißbuchs betr. die Royal Niger Company nebst Inhaltsverzeichnis" vor. Nachdem der Staatssekretär die Angelegenheit dem Reichskanzler vorgetragen hat, versieht er das Schriftstück mit folgender Randbemerkung: „S. D. ist mit Vorbereitung einverstanden. — Dies scheint mir fast zu umfangreich, bei unserer bisherigen Zurückhaltung in Weißbüchern wird dadurch wohl die Frage zu sehr anti-englisch aufgebauscht, was uns politisch nicht passen würde."

Am 7. November bringt der Unterstaatssekretär das vorbereitete Material beim Fürsten Bismarck zur Vorlage. In dem Begleitbericht heißt es: „Aus Anlaß einer Interpellation in der Sitzung des Reichstags vom 15. Januar dieses Jahres [1]), deren stenographischer Bericht anliegt, ist mit Euerer Durchlaucht Genehmigung ein Weißbuch über die deutschen Interessen im Nigergebiet vorbereitet worden."

„Bei Auswahl der anbei in Druckabzügen hier gehorsamst vorgelegten Aktenstücke sind diejenigen, welche eine Kritik des Verfahrens der englischen Regierung enthalten, weggelassen und nur solche aufgenommen worden, welche die deutschen Beschwerden gegen das den internationalen Verträgen nicht entsprechende Vorgehn der „Royal Niger Company" rechtfertigen."

[1]) RB 1888/89, 1, 425/26; Bi 12, 532.

„Ohne die Übersichtlichkeit und Vollständigkeit der geführten Verhandlungen zu beeinträchtigen, konnte eine weitere Kürzung des sehr umfangreichen Materials nicht erfolgen."

Im Gegensatz zu der Ansicht des Referenten verfügt der Reichskanzler am Rande: „Zunächst durch Auszüge oder Auslassungen auf 50% zu reducieren. England fragen wegen Druck englischer Acten."

Das Auswärtige Amt verfährt dementsprechend, und am 18. November wird ein Druckexemplar des nach den Wünschen und Absichten des Fürsten Bismarck umgestalteten Weißbuchs nach Friedrichsruh gesandt. Der Reichskanzler sieht es nochmals durch und vollzieht, da alles seine Zustimmung findet, am 21. November die Übersendungsschreiben an den Bundesrat und Reichstag.

„In der Sitzung des Reichstages vom 26. November brachte der Herr Abgeordnete Richter das Weißbuch zur Sprache, beging aber soviel Irrtümer, daß er von den Herren Dr. Hammacher, Wörmann, v. Kardorff und Bennigsen gründlich abgeführt werden konnte." (DKZ 1889, 350.) Vgl. RB 1889/90, 1, 500 ff.

24. 1. Dezember 1889. — Aufstand in Ostafrika. Fortsetzung 2.

Nach der Bezeichnung „Fortsetzung 2" muß das Weißbuch vom 31. Oktober 1889 (Nr. 22) als „Fortsetzung 1" gelten, obwohl es, ebenso wie die beiden Weißbücher vom 12. und 25. Januar 1889 (Nr. 16 und 17), nur als „Fortsetzung" bezeichnet ist. Offenbar ist die Sache so gedacht, daß das Weißbuch vom 6. Dezember 1888 (Nr. 15) zusammen mit den beiden eben erwähnten Fortsetzungen (Nr. 16 und 17) den in sich geschlossenen Hauptteil bildet, wofür auch die durchlaufende Seitenzählung und Numerierung der Aktenstücke spricht. Daran schließt sich mit neuer Seitenzählung und Numerierung das Weißbuch vom 31. Oktober (Nr. 22) als Fortsetzung (1), das vorliegende Weißbuch vom 1. Dezember 1889 als Fortsetzung 2 u. s. f. — Man kann nicht behaupten, daß die Benutzbarkeit der einzelnen Teile einer Weißbuchreihe erhöht wird, wenn man sich ihre bibliographische Zusammengehörigkeit sozusagen erst durch ein Rechenexempel konstruieren muß.

Drucke. 1. Selbständig. 2 Bl., S. (35)—(46); Aktenstücke Nr. 22—29, 16. Oktober 1889—17. November 1889.

2. BD 1889, 2, Nr. 106. Derselbe Druck wie 1.

3. RA 1889/90, 3, Nr. 78, S. 293—297.

4. RS 1889/90, 1, Nr. 78. Derselbe Druck wie 1 und 2.

Bei 3 und 4 der Vermerk: „cfr. Drucksachen des Reichstages Nr. 44". (Entsprechende Hinweise auch bei den übrigen Fortsetzungen dieser Weißbuchreihe, Nr. 26, 28, 29, 31.)

Wb 7, 71—84; Jahrbuch 3, 172—184.

Den ihm am 30. November vorgelegten Probedruck hat Fürst Bismarck wiederum persönlich durchkorrigiert. In dem Übersendungsschreiben hat er den bisherigen Titel „Weitere Sammlung von Aktenstücken betreffend den Aufstand in Ostafrika" eigenhändig geändert in „Weitere Sammlung von Aktenstücken, Ostafrika betreffend".

Das Weißbuch enhält ebenso wie die folgenden Fortsetzungen 3—5 (Nr. 26, 28, 29) die weiteren Berichte des Kaiserlichen Kommissars Wißmann.

---

25. 7. Dezember 1889. — Schweine-Einfuhrverbote.

Drucke. 1. Selbständig. Am Fuß von S. 139: Berlin, gedr. in der Reichsdruckerei. (XII), (140) S.; Aktenstücke Nr. 1—123, 26. Oktober 1887—21. November 1889.

2. BD 1889, 2, Nr. 109. Derselbe Druck wie 1.

3. RA 1889/90, 3, Nr. 91, S. 311—377.

4. RS 1889/90, 2, Nr. 91. Derselbe Druck wie 1 und 2.

Vgl. H. v. Poschinger: Fürst Bismarck als Volkswirt. Bd. 3. Berlin 1891, S. 230/31, 233/34.

Zur Entstehungsgeschichte. Am 24. November 1889 schreibt der Unterstaatssekretär Graf Berchem an den Geheimen Legationsrat v. Brauer in Friedrichsruh, der Reichskanzler habe bestimmt, daß ein im Reichsamt des Innern in Vorbereitung befindliches Weißbuch über das Schweine-Einfuhrverbot veröffentlicht werden solle. „Darf ich Euer Hochwohlgeboren bitten, eine nähere Direktive S. D. über den dem gedachten Weißbuch im allgemeinen zu gebenden Inhalt einzuholen.“ Gleichzeitig macht Graf Berchem eine Reihe von Einzelvorschlägen, denen Fürst Bismarck dann bei der Durchsicht durch verschiedene an den Rand geschriebene „gut“ zustimmt.

Am 28. November läßt der Staatssekretär des Innern v. Boetticher dem Auswärtigen Amt „eine in Gemäßheit der Anordnung des Herrn Reichskanzlers angefertigte Zusammenstellung des zur Veröffentlichung durch ein Weißbuch geeigneten Materials, betr. das Schweineeinfuhrverbot, nebst Inhaltsübersicht“ zugehen.

Der Staatssekretär des Auswärtigen Amts übermittelt dem Staatssekretär des Innern am 5. Dezember einen Fahnenabzug „des durch das hiesige Aktenmaterial ergänzten Weißbuchs. Die inhaltliche Erweiterung, welche der Entwurf hier durch Aufnahme der die westlichen Viehsperren gegen Deutschland betreffenden Aktenstücke erfahren hat, entspricht einer inzwischen auf diesseitige Anregung von seiten des Herrn Reichskanzlers in dieser Beziehung erhaltenen Direktive“.

Am 6. Dezember geht ein Probedruck des Weißbuchs nebst einem ausführlichen erläuternden Bericht des Auswärtigen Amts nach Friedrichsruh.

Bereits am folgenden Tage schickt Herr v. Rottenburg den Probedruck nach Berlin zurück und bemerkt dazu:

„Der Herr Reichskanzler hat auf S. III des Inhaltsverzeichnisses einige Berichtigungen [1]) und auf S. 9 eine

[1]) Korrektur falscher Seitenzahlen; auf S. IV „Kiaserlichen“ korrigiert.

Streichung [1]) vorgenommen. Im übrigen ist S. D. mit der Fassung einverstanden, nur wünscht er, daß die Seitenzahlen nicht in der Mitte, sondern in den Ecken der Seiten gedruckt werden."

„Bevor die Schreiben an den Bundesrat und an den Reichstag abgehen, wünscht S. D. festgestellt zu sehen, daß der landwirtschaftliche Herr Minister mit dem Inhalt des Weißbuchs einverstanden ist."

Nachdem das Auswärtige Amt das Erforderliche veranlaßt hat, erfolgt unter strenger Berücksichtigung der Verbesserungen des Fürsten Bismarck der endgültige Druck des Weißbuchs.

Über seine Bedeutung sowie über die Absichten, von denen die Regierung sich bei der Veröffentlichung leiten ließ, verbreitet sich ein sorgfältig redigierter Artikel der NAZ (Nr. 596 vom 20. 12. 1889), der folgendes ausführt: „Bekanntlich hatte das in diesem Sommer erlassene Schweine-Einfuhrverbot vornehmlich die deutschfreisinnige Presse zu einer Art von agitatorischem Paroxysmus begeistert..."

„Im Reichstage ist von seiten der Vertreter der verbündeten Regierungen und der nicht zur prinzipiellen Opposition gehörigen Redner alles dasjenige tatsächliche Material erneut zu Gehör gebracht worden, welches, teils sofort beim Erlasse des auf die Ostgrenze bezüglichen Einfuhrverbotes, teils im Verlaufe der demselben folgenden Preßkampagne der Öffentlichkeit unterbreitet worden war. Damit wollte sich indessen der „Freisinn" nicht begnügen; seine Presse gelangte aus den Erörterungen des Reichstages vom 18. und 19. November [2]) nur zu dem Ergebnisse: was dabei zur Begründung der ergriffenen Maßnahmen vorgebracht worden, sei schon vorher bekannt gewesen und genüge solange wenigstens nicht, bis auch das aktenmäßige Material der Öffentlichkeit unterbreitet sein würde."

---

[1]) In dem Satze: „als mit dem Zweck des Verbotes irgend vereinbar erscheint" ist „irgend" gestrichen.

[2]) RB 1889/90, 1, 362 ff.

„Das ist nun mit der Zustellung der eingangs erwähnten Sammlung von Aktenstücken an den Reichstag geschehen... Die den Schweineinteressen Monate lang mit solchem Fleiße nachgehende (freisinnige) Presse ist plötzlich verstummt... Wir nehmen an, daß es auch hier heißen soll: qui tacet, consentire videtur... Man wird aus dieser Sammlung von Aktenstücken noch ein Zweites entnehmen können."

„Dieselbe gibt nämlich ein sehr interessantes Bild davon, wie unser auswärtiger Dienst Hand in Hand mit dem inneren an der Pflege der wirtschaftlichen Interessen des Landes arbeitet, und was in dieser Arbeit geleistet wird. Nur selten haben weitere Kreise Gelegenheit, sich von dieser Arbeit und diesen Leistungen ein übersichtliches Bild zu machen; man bemerkt zwar deren Wirkungen, aber nur selten erfahren breitere Schichten, auf welche Weise diese Wirkungen in angespannter zielbewußter Tätigkeit aller Zweige des öffentlichen Dienstes erzielt werden. In diese stille Arbeit zum Wohle des Vaterlandes gewährt jene Sammlung von Aktenstücken einen beachtenswerten Einblick."...

26. 14. Januar 1890. — Aufstand in Ostafrika. Fortsetzung 3.

Drucke. 1. Selbständig. 2 Bl., S. 47—(56); Aktenstücke Nr. 30—37, 11. November 1889—15. Januar 1890. Nr. 37, als „Nachtrag" bezeichnet, fehlt im Inhaltsverzeichnis.

2. BD 1890, 1, Nr. 8. Derselbe Druck wie 1.

3. RA 1889/90, 3, Nr. 118, S. 467—471.

4. RS 1889/90, 2, Nr. 118. Derselbe Druck wie 1 und 2.

Wb 8, 1—11.

27. 16. Januar 1890. — Schweine-Einfuhrverbote. Fortsetzung.

Das letzte von dem Reichskanzler Fürsten Bismarck dem Bundesrat und Reichstag vorgelegte Weißbuch!

Drucke. 1. Selbständig. Druckvermerk wie bei Nr. 25. 1 Bl., S. (XIII)—XIV, 141—164; Aktenstücke Nr. 37a, 37b; 67a—67g; 114a, 124—127; 9. Dezember 1889—4. Januar 1890; 30. November —30. Dezember 1889; 13. Dezember—21. Dezember 1889.

2. BD 1890, 1, Nr. 13. Derselbe Druck wie 1.

3. RA 1889/90, 3, Nr. 133, S. 564—573.

4. RS 1889/90, 2, Nr. 133. Derselbe Druck wie 1 und 2.

Bei 3 und 4 wiederum das Aktenzeichen des Auswärtigen Amts, eine Kennzeichnung, die sich von jetzt ab bei den in den Reichstagsdrucksachen erscheinenden Weißbüchern öfters wiederholt.

Den äußeren Anlaß zu diesem Weißbuch gab eine von dem preußischen Landwirtschaftsminister mitgeteilte Übersicht über den Stand der Maul- und Klauenseuche in Preußen, die das Auswärtige Amt am 8. Januar 1890 bei dem Fürsten Bismarck in Friedrichsruh zur Vorlage brachte. Der Reichskanzler versah den Begleitbericht mit der Randverfügung „Anlage Weißbuch" und bestimmte damit die Vorbereitung der „Fortsetzung", die das Auswärtige Amt sofort in Angriff nahm, sodaß der fertige Entwurf am 14. Januar nach Friedrichsruh gehen konnte, wo er die Billigung des Fürsten Bismarck fand.

Die NAZ (Nr. 33 vom 21. 1. 1890) ließ sich zu der Fortsetzung des Weißbuchs wie folgt vernehmen: „Wir haben in unserem politischen Tagesbericht vom 20. Dezember v. J. [1]) die Gründe näher dargelegt, aus welchen im allgemeinen Interesse ein genaues Studium jenes ersten Weißbuchs als außerordentlich wünschenswert angesehen werden muß. Von der Oppositionspresse ist das letztere sozusagen totgeschwiegen worden. Diese Presse hat, wie wir damals hervorgehoben, sich meist darauf beschränkt, ihren Lesern den Eingang des Weißbuchs beim Reichstag bekannt zu geben, und höchstens sich zu einer — in der Regel sehr dürftigen — In-

[1]) Vgl. oben S. 154/55.

haltsangabe aufzuschwingen vermocht. Daß das Weißbuch, wie Zeitungsberichte besagten, in England seinerzeit Aufsehen erregt hat, ist zwar insofern nicht unerwünscht, als eine Aufklärung des englischen Publikums über die dasselbe berührenden Fragen unserer Veterinärpolitik schon im Hinblick auf die vollkommen korrekte und loyale Haltung der letzteren nur Nutzen bringen kann. Aber der Hauptzweck des nunmehr bis in die neueste Zeit fortgesetzten und ergänzten Weißbuchs kann doch nur der sein, dem Inlande die Genesis und die Notwendigkeit unserer Viehsperre klar zu machen und den Hetzereien und Entstellungen der Wahrheit seitens des Fortschritts und der Sozialisten entgegenzutreten. Allerdings geben wir uns über die Erreichung dieses Zweckes, was die Leser freisinniger Zeitungen betrifft, auch angesichts der vorliegenden Fortsetzung des Weißbuchs keinen übertriebenen Erwartungen hin."

Diese Erklärungen des „Kanzlerblattes" beruhten auf einer direkten Anregung des Fürsten Bismarck, was sich aus der nachstehenden, am 13. Dezember 1889 aus Friedrichsruh an das Auswärtige Amt ergangenen Direktive (gezeichnet: Rottenburg) mit aller Deutlichkeit ergibt: „Mit Bezug auf die Behandlung des Weißbuchs... in der Presse, bemerkte S. D., er bitte dabei hervorzuheben, daß eine Aufklärung des englischen Publikums auch erwünscht sei, daß aber die Publikation vornehmlich darauf berechnet sei, dem Inlande die Genesis und die Notwendigkeit der Viehsperre klar zu machen und den Hetzereien und Lügen der Fortschrittler und Sozialisten entgegenzutreten."

---

28. 9. Mai 1890. — Aufstand in Ostafrika. Fortsetzung 4.

Drucke. 1. Selbständig. 2 Bl. (die Rückseite von Bl. 2 irrtümlich mit X bezeichnet), S. 57—76; Aktenstücke Nr. 38—51, 27. Dezember 1889—4. Mai 1890.

2. BD 1890, 1, Nr. 60. Derselbe Druck wie 1.

3. RA 1890/91, 1, Nr. 26, S. 134—144.

4. RS 1890/91, 1, Nr. 26. Derselbe Druck wie 1 und 2.
Wb 8, 11—36.

Zum Inhalt des Weißbuchs vgl. die Darstellung der Ereignisse bei R. Schmidt: Gesch. d. Araberaufstandes, 161 ff.

---

29. 6. Juni 1890. — Aufstand in Ostafrika. Fortsetzung 5.

Drucke. 1. Selbständig. 2 Bl., S. 77—82; Aktenstücke Nr. 52—56, 27. April 1890—17. Mai 1890.

2. BD 1890, 1, Nr. 76. Derselbe Druck wie 1.

3. RA 1890/91, 1, Nr. 47, S. 243—245.

4. RS 1890/91, 1, Nr. 47. Derselbe Druck wie 1 und 2.
Wb 8, 37—43. — Vgl. R. Schmidt a. a. O. 198 ff.

---

30. 13. Juni 1890. — Samoa. Fortsetzung [4].

Drucke. 1. Selbständig. IV, 44 S.; Aktenstücke Nr. 1—15, 12. Januar 1889—22. April 1890.

2. BD 1890, 1, Nr. 80. Derselbe Druck wie 1.

3. RA 1890/91, 1, Nr. 64, S. 551—571.

4. RS 1890/91, 2, Nr. 64. Derselbe Druck wie 1 und 2.
Wb 8, 47—99.

Das Weißbuch enthält die Generalakte der Samoakonferenz „im englischen Text und in deutscher Übersetzung" (Nr. 8); vgl. Sta 51, 346—360.

Nachdem die Generalakte der Samoakonferenz im Februar bezw. März 1890 von den beteiligten Mächten ratifiziert und nach einem am 28. Mai 1890 eingegangenen Bericht des Generalkonsuls Stuebel in Apia (Nr. 15) am 19. April von der samoanischen Regierung angenommen war, ergab sich die Notwendigkeit, sie dem Bundesrat und Reichstag zur Kenntnisnahme vorzulegen. Dies geschah „im Anschluß an die früheren Publikationen über Samoa" (Weißbuch Nr. 18—21) durch die vorliegende Fortsetzung.

Der dem Reichskanzler Caprivi am 4. Juni 1890 vorgelegte Probedruck gelangte am folgenden Tage mit dem eigenhändigen Vermerk „Einverstanden" an das Auswärtige Amt zurück.

---

31. 26. November 1890. — Aufstand in Ostafrika. Fortsetzung 6.

Drucke. 1. Selbständig. 2 Bl. (die Rückseite von Bl. 2 wieder wie bei Nr. 28 irrtümlich mit römischer Seitenzählung), S. 83—122; Aktenstücke Nr. 57—68, 7. Juni 1890—22. November 1890.

2. BD 1890, 2, Nr. 144. Derselbe Druck wie 1.

3. RA 1890/91, 2, Nr. 165, S. 1190—1209.

4. RS 1890/91, 3, Nr. 165. Derselbe Druck wie 1 und 2.

Wb 9, 49—100.— Das Weißbuch enthält nur noch einen Bericht des Reichskommissars Wissmann (Nr. 57), der am 26. Mai 1890 einen ihm bewilligten Urlaub in die Heimat angetreten hatte. Den Bericht Nr. 58 hat der älteste Offizier der ostafrikanischen Station, Korvettenkapitän Valette, die übrigen (Nr. 59—68) Wißmanns Stellvertreter Dr. Karl Wilhelm Schmidt erstattet. — Vgl. Rochus Schmidt a. a. O. 218 ff.

---

32. 26. November 1890. Ermordung von Deutschen im Sultanat Witu.

Drucke. 1. Selbständig. Am Fuß der letzten S.: Berlin, gedr. in der Reichsdruckerei. VI, 37 S.; Aktenstücke Nr. 1—32, 23. September 1890—2. November 1890.

2. BD 1890,2, Nr. 143. Derselbe Druck wie 1.

3. RA 1890/91, 2, Nr. 164, S. 1172—1190.

4. RS 1890/91, 3, Nr. 164. Derselbe Druck wie 1 und 2.

Wb 9, 1—48. — Zur Sache vgl. DKZ 1890, 248 (Der Fall Küntzel), 267, 279/280, 291; ebenso die Ausführungen des Reichskanzlers Caprivi in der Reichstagssitzung vom 6. Februar 1891 (RB 1890/91, 2, 1355).

33. 1. Dezember 1890. — Abmachungen des Reichs zur Regelung der Verhältnisse in Ostafrika.

Drucke. 1 Selbständig. Druckvermerk wie bei Nr. 32, ebenso bei Nr. 34—38. 3 Bl., 27. S.; Aktenstücke Nr. 1—7, 1. Juli 1890—20. November 1890.

2. BD 1890, 2, Nr. 145. Derselbe Druck wie 1.

3. RA 1890/91, 2, Nr. 166, S. 1209—1223.

4. RS 1890/91, 3, Nr. 166. Derselbe Druck wie 1 und 2.

Wb 9, 101—137; Sta 51, 151—170.

Das Weißbuch enthält das wichtige deutsch-englische Abkommen vom 1. Juli 1890 (Nr. 1) sowie die Verhandlungen mit England und Frankreich wegen Abtretung der dem deutschen Interessengebiet in Ostafrika vorgelagerten Küste durch den Sultan von Zanzibar.

Vgl. DKZ 1890, 166—171, ferner die im Deutschen Reichs-Anzeiger (Nr. 181 vom 29. 7. 1890, 1. Beilage) veröffentlichte „Denkschrift über die Beweggründe zu dem deutsch-englischen Abkommen" (auch Sta 51, 170—188), dazu DKZ 1890, 197—199; A. Zimmermann: Gesch. d. deutschen Kolonialpol. 160 ff.; Fürst Bismarck: Gedanken und Erinnerungen 3, 147 ff. (Vertrag über Helgoland und Sansibar); M. v. Hagen: Geschichte und Bedeutung des Helgolandvertrages, München 1916; Adolf Hasenclever: Zur Geschichte des Helgolandvertrages vom 1. Juli 1890 (Archiv für Politik u. Geschichte, 3. Jahr, 11. Hft., November 1925, S. 507 ff.); Manfred Sell: Das deutsch-englische Abkommen von 1890 über Helgoland und die afrikanischen Kolonien im Lichte der deutschen Presse. Berlin-Bonn 1926; GrP 8, 1—25.

---

34. 2. Februar 1891. — Ostafrika. (Emin Pascha-Weißbuch.)

Drucke. 1. Selbständig. VI, 38 S.; Aktenstücke Nr. 1—23, 15. Mai 1890—15. November 1890.

2. BD 1891, 1, Nr. 11. Derselbe Druck wie 1.

3. RA 1890/91, 3, Nr. 240, S. 1814—1832.
4. RS 1890/91, 4, Nr. 240. Derselbe Druck wie 1 und 2.
Wb 10, 1—47. — Vgl. DKZ 1891, 35.

---

35. 3. Februar 1891. — Ostafrika. (Emin Pascha-Weißbuch.) Fortsetzung.

Drucke. 1. Selbständig. 2 Bl.; S. 39—54; Aktenstücke Nr. 24 vom 9. Januar 1891, Nr. 25 vom 16. November 1890.
2. BD 1891, 1, Nr. 12. Derselbe Druck wie 1.
3. RA 1890/91, 3, ad Nr. 240, S. 1832—1840.
4. RS 1890/91, 4, ad Nr. 240. Derselbe Druck wie 1 und 2.
Wb 10, 47—66. — Zu Nr. 34 und 35 vgl. Rochus Schmidt a. a. O. 335 ff.; Georg Schweitzer: Emin Pascha. Berlin 1898, S. 503 ff.

---

36. 25. November 1891. — Vorgänge in Chile.

Drucke. 1. Selbständig. XXVIII, 236 S.; Aktenstücke Nr. 1—288, 9. Dezember 1890—13. November 1891.
2. BD 1891, 2, Nr. 106. Derselbe Druck wie 1.
3. RA 1890/92, 4, Nr. 558, S. 3062—3179.
4. RS 1890/92, 7, Nr. 558. Derselbe Druck wie 1 und 2.
Wb Teil 11—12. — Spanische Übersetzung unter dem Titel: Los Acontecimientos en Chile. (Documentos publicados por la Cancilleria alemana.) Valparaiso, Imp. de „La Patria“ (1892). 207, XVI S.

Für die geschichtlichen Zusammenhänge vgl. Wippermann: Deutscher Geschichtskalender 1891, 1, 401 ff.; 2, 95/96, 384/86; Hugo Kunz: Der Bürgerkrieg in Chile. Leipzig 1892.

Über den Zweck des Weißbuchs und die bei seiner Bearbeitung befolgten Grundsätze erfährt man Näheres aus dem Erlaß, den das Auswärtige Amt am 5. Dezember 1891 an den deutschen Gesandten in Santiago, Freiherrn v. Gutschmid, richtete. Darin heißt es: „Bei Zusammenstellung der Schriftstücke war der leitende Gesichtspunkt der, dem

Bundesrat und dem Reichstag an der Hand des durch die Berichterstattung unserer Vertreter in Chile und anderweit hier angesammelten Materials vorzuführen, in wie hohem Grade es der Regierung Seiner Majestät, insbesondere auch durch das energische und erfolgreiche Verhalten Euer pp., gelungen ist, die mannigfachen auf dem Spiele stehenden Interessen des deutschen Handels und der deutschen Schiffahrt in Chile während der dortigen Unruhen und ebenso Leben und Eigentum der dort wohnhaften Reichsangehörigen zu schützen."

„Die Aufnahme alles dessen, was in Chile irgendwie hätte verletzen können, ist geflissentlich vermieden worden, woraus sich auch die in einer Anzahl Ihrer Berichte vorgenommenen Abänderungen und Kürzungen erklären."

„Vor Veröffentlichung ist das Weißbuch Herrn Claudio Matte [1]) vorgelegt worden, der sich mit der Veröffentlichung in der jetzt vorliegenden Form durchaus einverstanden erklärt hat."

Die Öffentlichkeit begrüßte die Publikation mit allgemeiner und zweifellos verdienter Zustimmung. In der Tat läßt dieses Weißbuch, das umfangreichste der ganzen Reihe, schon rein äußerlich eine besondere redaktionelle Sorgfalt erkennen. Zur Erhöhung der Übersichtlichkeit hat man den weitschichtigen Stoff in acht wohlgegliederte Abschnitte zerlegt und jedem dieser Abschnitte eine ausführliche Inhaltsangabe vorausgeschickt.

Von den zahlreichen Äußerungen der Presse seien die folgenden erwähnt. Die NAZ vom 2. 12. 1891 schreibt: „Es geht aus den Aktenstücken hervor, daß der diplomatische Vertreter Deutschlands in Chile, Frh. v. Gutschmid, von Anfang an die Sachlage in ebenso scharfer, wie zutreffender Weise erfaßte..."

„Weiter ersehen wir aus den Dokumenten, in wie rascher und sachgemäßer Weise auf die Berichte und Anfragen

[1]) Gesandter der Republik Chile.

des Gesandten seitens des Auswärtigen Amtes die erforderlichen Instruktionen erlassen wurden. Die Interessen, welche Deutschland für sich selbst oder für andere, die sich seinem Schutze anvertraut haben, zu vertreten in der Lage war, sind stets in der ausgiebigsten und wirksamsten Weise wahrgenommen worden."

„Aus der gesamten Haltung der deutschen Politik, sowie aus dem einträchtigen Zusammenwirken des Gesandten und des Kontreadmirals v. Valois ergab sich für das Deutsche Reich eine Stellung, auf Grund deren ihm wiederholt die Führung der fremden Mächte zufiel, wenn ein gemeinsames Eingreifen derselben erforderlich schien."...

„Das Ansehen und die Interessen des Reiches sind auf einem weit entfernten Schauplatz unter bisweilen sehr schwierigen Verhältnissen auf die umsichtigste Weise und mit einer Entschiedenheit gewahrt worden, welche der Achtung vor dem deutschen Namen dauernd zu Gute kommen wird."

Die Münchener Neuesten Nachrichten vom 4. 12. 1891 urteilen: „Das dem Reichstage mitgeteilte Weißbuch über die Vorgänge in Chile kann nicht verfehlen, überall den angenehmsten Eindruck hervorzurufen. Nicht nur beweist der deutsche Gesandte, Freiherr v. Gutschmid, von vornherein einen klaren Blick und volles Verständnis für die Situation — schon im Januar bezeichnet er den Sieg der Kongreßpartei als wahrscheinlich — sondern er zeigt in seinem ganzen Verhalten eine große Umsicht und bemerkenswerten Takt und vertritt unermüdlich, energisch und erfolgreich die deutschen Interessen. Wiederholt kommt er in die Lage, sehr ernste Gespräche mit Balmaceda [1]) und dessen Ministern zu halten, hartnäckig leisten sie seinen Forderungen und Reklamationen Widerstand, aber es gelingt ihm schließlich immer, seine Wünsche durchzusetzen, in vielen Fällen zuerst Konzessionen zu erlangen, die seinen Kollegen, na-

[1]) Präsident der Republik Chile.

mentlich dem britischen Ministerresidenten Kennedy, dann zu Gute kommen. Das Weißbuch bildet zudem einen höchst wertvollen Beitrag zur Geschichte des nunmehr beendeten chilenischen Bürgerkrieges."

Beachtenswert ist auch die Ansicht der Breslauer Zeitung vom 1. 12. 1891 über das Weißbuch, „das so ausführlich und unterrichtend ist, wie kaum jemals eine ähnliche Urkundensammlung... Wir nehmen an, daß wir die geführte Korrespondenz mit ziemlicher Vollständigkeit in Händen haben. Blaubücher werden ja der Regel nach ein bischen zugestutzt und von allen bedenklichen Bestandteilen befreit. Die hier vorgelegten Aktenstücke folgen aber so blitzschnell auf einander, daß wir nicht recht einen Raum erblicken, auf welchem ein ungedrucktes Aktenstück gestanden haben könnte."

---

37. 13. Januar 1893. — Samoa. Fortsetzung [5].

Drucke. 1. Selbständig. XIX, 185 S.; Aktenstücke Nr. 1—148, umfassend den Zeitraum vom 30. März 1890 bis zum 6. Dezember 1892, jedoch nicht durchlaufend chronologisch, sondern in sechs Abschnitten nach sachlichen Gesichtspunkten geordnet.

2. BD 1893, 1, Nr. 2. Derselbe Druck wie 1.

3. RA 1892/93, 1, Nr. 79, S. 456—541.

4. RS 1892/93, 2, Nr. 79. Derselbe Druck wie 1 und 2. Wb Teil 13.

Der erste Abschnitt des Weißbuchs behandelt „die allgemeine politische Entwicklung Samoas seit der Berliner Generalakte vom 14. Juni 1889".

Vor der Veröffentlichung hatte der Staatssekretär Frh. v. Marschall der englischen und amerikanischen Regierung einen Probeabzug des Weißbuchs „zur vertraulichen Kenntnisnahme" übermitteln lassen.

38. 12. Februar 1896. — Südafrikanische Republik.

Drucke. 1. Selbständig. 1 Bl., 13 S.; Aktenstücke Nr. 1—23, 1. Februar 1895—6. Januar 1896. — Das sonst stets dem Text vorangehende Inhaltsverzeichnis fehlt in diesem Weißbuch.

2. BD 1896, 1, Nr. 23. Derselbe Druck wie 1.

3. RA 1895/97, 2, Nr. 124, S. 1075—1079.

4. RS 1895/97, 3, Nr. 124. Derselbe Druck wie 1 und 2.

Wb 16, 225—240; Sta 58, 1—75 (Die Unruhen in der südafrikanischen Republik im Dezember 1895 und Januar 1896), hier auch alle wichtigen Aktenstücke des englischen Blaubuchs: Correspondence on the subject of the recent disturbances in the South African Republic. February 1896. C. 7933. — Zur Chronologie der Ereignisse vgl. Wippermann: Geschichtskalender 1896, 1, 2—13, 73—75; 2, 272-284. — GrP 11, 1 ff. bringt außer den Nummern 7, 9, 13, 14, 21 sämtliche Dokumente des Weißbuchs, und zwar in ihrer ursprünglichen Fassung zum Abdruck.

Zur Entstehungsgeschichte vgl. GrP 11, 48, Nr. 2629, Telegramm des Vortragenden Rats v. Holstein an den Botschafter in London Grafen v. Hatzfeldt, Berlin, den 10. Januar 1896 (nebst Fußnote!): „Es erscheint demnächst ein kleines Weißbuch über Transvaal, aus dem ersichtlich werden wird, daß wir von Anfang bis zu Ende nur für Status quo eintreten. Der Status quo scheint jetzt gewahrt zu sein." — Über die persönliche Beteiligung des Staatssekretärs Freiherrn v. Marschall an der Zusammenstellung des Weißbuchs vgl. die von Friedrich Thimme in seinem Aufsatz: Die Krüger-Depesche. Genesis und historische Bedeutung[1] (Europäische Gespräche, 2, 1924, 201 ff.) veröffentlichten „Auszüge aus den Marschallschen Tagebüchern", besonders die Eintragungen vom 9. und 10. Januar 1896 (S. 214/15):

[1]) „Die Vorgeschichte der Krügerdepesche" behandelt neuerdings Konrad Lehmann im Archiv für Politik und Geschichte, 3. Jahr, Heft 8, August 1925, S. 159 ff. — Die Depesche selbst siehe GrP 11, S. 31/32, Nr. 2610.

„Vorbereitung eines Weißbuchs über Transvaal"; „Nach Tisch am Weißbuch gearbeitet".

Im Reichstag kam das Weißbuch bei der großen Debatte über die Transvaalfrage am 13. Februar 1896 zur Sprache (RB 1895/97, 2, 928 ff.). Der Entschluß der Regierung zur Veröffentlichung der betreffenden Aktenstücke beruhte, wie der Abgeordnete Prinz v. Arenberg als Berichterstatter mitteilte, auf einer Anregung aus der Mitte der Budgetkommission. Der Staatssekretär v. Marschall führte das Weißbuch mit folgenden Worten ein (S. 931): „Aus dem Weißbuch haben Sie entnommen, was wir verhandelt haben. Man pflegt solchen Publikationen den Vorwurf zu machen, daß sie sich über das, was bereits bekannt ist, in größter Breite ergehen, dagegen die eigentlich interessanten Dinge verschweigen. Ich will nicht sagen, daß dieser Vorwurf im allgemeinen unbegründet sei (Heiterkeit), ich kann Sie nur amtlich versichern, daß er in diesem Fall nicht zutrifft, und daß das Weißbuch, welches Ihnen vorliegt, vollständig die Verhandlungen enthält, die wir insbesondere mit der englischen Regierung gehabt haben. (Hört! Hört!) Es mag ja manchem wunderbar erscheinen, daß eine Angelegenheit, die zu so lebhafter Erregung und zu so lebhaftem Streit, man kann sagen, in der ganzen Welt geführt hat, einen so geringen Niederschlag von amtlichen Dokumenten geschaffen hat (Heiterkeit), und trotzdem ist es richtig: wir haben mit der englischen Regierung nichts anderes verhandelt. Wir haben es wohlweislich unterlassen, akademische Fragen mit dem Londoner Kabinett zu erörtern."

Im weiteren Verlauf der Debatte fand das Weißbuch die uneingeschränkte Anerkennung aller Parteien. So erklärte der Zentrumsabgeordnete Dr. Lieber (S. 932): „Wir begrüßen die Vorlegung dieses Weißbuchs nicht nur darum, weil sie dem deutschen Reichstag offene und erschöpfende Rechenschaft darüber ablegt, was in dieser aufregenden südafrikanischen Frage seitens des Auswärtigen Amts geschehen ist, sondern insbesondere auch darum, weil dieses

Weißbuch auch unwiderleglich ergibt, daß die Verwaltung unseres Auswärtigen Amts bereits vor mehr als Jahresfrist die Lage in der südafrikanischen Republik durchaus richtig erkannt und dieser Lage gegenüber eine ebenso besonnene wie nachdrückliche, unanfechtbar korrekte Haltung eingenommen hat.“

Der Abgeordnete Richter erblickt „einen Hauptvorteil der parlamentarischen Anregung zur Vorlage eines Weißbuches darin, daß nunmehr schwarz auf weiß fixiert das Programm der Regierung in Bezug auf die Transvaalfrage vor aller Welt offen und klar gelegt worden ist“ (S. 933).

Zusammenfassend äußerte der Abgeordnete Haußmann (S. 945/46): „Ich glaube, die Regierung hat für das Vertrauen, das sie dem Parlament durch die Vorlegung des Weißbuchs über die Transvaalfrage bewiesen hat, eine glänzende Belohnung dadurch erhalten, daß sie heute von den Rednern aller Parteien für ihre Politik, so weit sie gezeichnet ist in den Dokumenten des Weißbuchs, die Zustimmung des ganzen Parlaments, und zwar nicht nur durch eine abgekartete Kollektiverklärung, sondern, was wertvoller ist, durch die Erklärung aller Parteien erhalten hat. Denn auch der Herr Kollege Bebel hat ausgesprochen, aufrichtig, wie er ist, daß er die Haltung des Auswärtigen Amts, wie sie in dem Weißbuch bezeichnet ist, für eine — so waren seine Worte — „durchaus korrekte“ ansehe. Auch ich glaube, daß diese Politik eine solche war, die den Interessen Deutschlands gerecht geworden ist, eine Politik, welche zugleich fest und doch auch vorsichtig gewesen ist.“ —

An demselben Tage, an dem der Reichstag das Weißbuch erörterte (13. Februar 1896), erschienen auch in den englischen Zeitungen Times, Standard, Morning Post, Daily Chronicle, Globe ausführliche Artikel über die deutsche Publikation und das entsprechende englische Blaubuch.

39. 8. Dezember 1902. — Reklamationen Deutschlands gegen Venezuela.

Drucke. 1. BD 1902, 2, Nr. 119. 6 S.

2. RA 1900/03, 7, Nr. 786, S. 4957—4959.

3. RS 1900/03, 10, Nr. 786.

Die Eingangssätze der Denkschrift weisen sogleich auf die außenpolitische Verwickelung hin, die ihren Gegenstand bildet: „Seit längerer Zeit hat die Regierung der Vereinigten Staaten von Venezuela der Kaiserlichen Regierung durch die Behandlung der deutschen Reklamationen zu ernsten Beschwerden Anlaß gegeben. Es handelt sich einmal um Forderungen der in Venezuela lebenden Deutschen aus den letzten venezolanischen Bürgerkriegen, und ferner um Ansprüche deutscher Unternehmer wegen Nichterfüllung der von der venezolanischen Regierung vertragsmäßig übernommenen Verbindlichkeiten..."

„Die venezolanische Regierung zeigt sich offenbar nicht gewillt, ihren Verpflichtungen zum Ersatze dieser Schäden nachzukommen."

Für den weiteren Verlauf der Angelegenheit ist das Schreiben zu beachten, das der Reichskanzler v. Bülow am 13. Dezember 1902 an den Bundesrat richtete (BD 1902, 2, Nr. 122), um mitzuteilen, „daß auf die von der deutschen und britischen Regierung gestellten Ultimaten eine befriedigende Antwort nicht erfolgt ist. Im Wege der Repressalien sind darauf zunächst die venezolanischen Kriegsfahrzeuge von den deutschen und englischen Seestreitkräften weggenommen worden. Auf diese Maßregel hat die venezolanische Regierung in völkerrechtswidriger Weise die in Venezuela lebenden Deutschen und Engländer gefangen gesetzt und deren Privateigentum mit Beschlag belegt".

„Die britische Regierung hat nunmehr die Verhängung einer Kriegsblockade über die venezolanischen Häfen in Vorschlag gebracht. Die Kaiserliche Regierung beabsichtigt auf diesen Vorschlag einzugehen. Durch die Verhängung einer solchen Blockade, die alle Wirkungen einer Kriegsblockade haben soll, würde der Kriegszustand gegen Venezuela herbeigeführt werden, sodaß mit Rücksicht auf Artikel 11 Absatz 2 der Reichsverfassung [1]) die Zustimmung des Bundesrats erforderlich ist."

„Im Auftrage Seiner Majestät des Kaisers gestattet sich der Unterzeichnete zu beantragen:"

„Der Bundesrat wolle, insoweit die Kaiserliche Regierung sich zu Schritten gegen Venezuela veranlaßt sieht, die eine Erklärung des Krieges im Namen des Reichs in sich schließen, zu dieser Erklärung seine Zustimmung erteilen."

40. 14. Februar 1903. — Beilegung der Streitigkeiten zwischen Deutschland und Venezuela.

Drucke. 1. BD 1903, 1, Nr. 30. 5 S.

2. RA 1900/03, 8, Nr. 860, S. 5814—5815.

3. RS 1900/03, 12, Nr. 860.

Nr. 39 und 40 enthalten keine diplomatischen Aktenstücke und zählen daher nicht zu den Weißbüchern im engeren Sinne. Als Zeugnisse einer nicht unwichtigen Episode der deutschen auswärtigen Politik waren sie gleichwohl in diesem Rahmen zu berücksichtigen.

Die geschichtlichen Ereignisse siehe bei Wippermann: Geschichtskalender 1902, 2, 130/31, 306—309; 1903, 1, 138/39, 224.

---

41. 29. November 1904. — Eingeborenen-Politik und Hereroaufstand in Deutsch-Südwestafrika.

Drucke. 1. RA 1903/05, 5, Nr. 518, ad Nr. 518, S. 2757—2804, die Aktenstücke S. 2768 ff.

2. RS 1903/05, 6, Nr. 518, ad Nr. 518. 94, 2 S., die Aktenstücke S. 24ff.

ad Nr. 518 enthält ein Verzeichnis der Anlagen zur Denkschrift, Nr. 1—40 aus der Zeit vom 28. Juli 1885—September 1904.

---

[1]) Zur Erklärung des Krieges im Namen des Reichs ist die Zustimmung des Bundesrats erforderlich.

Auf eine besondere Drucklegung für den Bundesrat wurde verzichtet.

Das Weißbuch erschien auch als Beilage zu Nr. 25 des Deutschen Kolonialblatts vom 15. 12. 1904.

Vgl. DKZ 1904, 494/95; über den Herero-Aufstand: Deutsches Kolonialblatt 1904, 192—195, 207—221, 357 ff.

---

42. 9. Januar 1906. — Erstes Marokko-Weißbuch.

Drucke. 1. Selbständig. Berlin. Gedruckt in der Reichsdruckerei. (Zum erstenmal das Impressum, allerdings noch ohne Angabe des Erscheinungsjahres, auf dem Titelblatt!) V, 39 S.; Aktenstücke Nr. 1—27, 5. Januar 1905—4. Oktober 1905.

2. BD 1906, 1, Nr. 5. Derselbe Druck wie 1.

3. RA 1905/06, 3, Nr. 158, S. 2482—2499.

4. RS 1905/06, 4, Nr. 158. Derselbe Druck wie 1 und 2. Sta 73, 192—223. Vgl. Wippermann: Geschichtskalender 1906, 1, 1—7; Fürst Bülows Reden. Hrsg. von Johannes Penzler, 2, 403—418; Georg Kampffmeyer: Die Grundlagen der Marokkofrage (Zeitschrift für Politik, 8, 1915, 297 ff., besonders S. 351—354). Wichtig die verschiedenen Fußnoten in GrP 20, in denen auf die entsprechenden Nummern des Weißbuchs verwiesen wird [1]).

Über Veranlassung und Zweck des Weißbuchs vgl. das Telegramm an den Geschäftsträger in Paris v. Flotow, Berlin, den 6. Januar 1906: „Die Kaiserliche Regierung hatte anfänglich, um nicht der deutsch-französischen Zeitungspolemik kurz vor der Marokko-Konferenz neue Nahrung zuzuführen, beschlossen, von der Vorlegung eines Weißbuchs über die Angelegenheit, wenn irgend möglich, abzusehen."

---

[1]) Vgl. S. 316, 328, 339, 346, 353 (hier ist statt Nr. 10 zu lesen: 9!), 379, 380, 382, 391, 392, 413, 428, 431, 439, 452, 470, 485, 514, 517, 533, 548, 592, 605.

„Infolge des Erscheinens des Gelbbuchs [1]) sehen wir uns gezwungen, dem Verlangen des Reichstags und unserer öffentlichen Meinung nach einer deutschen amtlichen Publikation stattzugeben."

„Unser im Druck fertiges Weißbuch verfolgt nur den Zweck, dem Reichstag entgegenzukommen und die bona fides der deutschen Politik gegenüber Angriffen der deutschen Presse zu verteidigen. Unsere Veröffentlichung ist demgemäß im versöhnlichen Sinne gegenüber Frankreich gehalten und wird sich auf ein Minimum dessen beschränken, was wir etwa geben könnten." —

Im Reichstag erfuhr das Weißbuch noch nachträglich eine ziemlich herbe Kritik durch den sozialdemokratischen Abgeordneten v. Vollmar, der bei der Beratung über den Antrag Hompesch am 30. April 1907 (vgl. oben S. 84ff.) folgende Ausführungen machte: „Bereits am 5. Dezember des vorigen Jahres habe ich hier auf die geradezu beschämende Tatsache hingewiesen, daß der Deutsche Reichstag von der Entwicklung der Marokkofrage aus amtlicher Mitteilung so gut wie gar keine Kenntnis hatte. Denn wenn der Herr Reichskanzler heute gesagt hat, er habe ja schon früher hier und da Weißbücher herausgegeben, so ist zu erwidern, daß sie dann auch darnach gewesen sind."

„Es braucht bloß jeder das von den Regierungen über die Marokkofrage herausgegebene Weißbuch mit der Sammlung von Urkunden zu vergleichen, die dem französischen Parlament vorgelegt worden sind. Was wir in diesem Hause über diese Frage haben sagen können, hat sich wesentlich auf jene ausländische Aktensammlung gestützt. Es scheint mir, daß ein solcher Zustand der Würde des Reichstags und den Interessen des deutschen Volkes nicht entspricht, sondern daß diese vielmehr verlangen, daß der Reichstag einem solchen Versteckspiel ein Ende mache, und daß er die aus-

[1]) Ministère des affaires étrangères. Documents diplomatiques. Affaires du Maroc. 1901—1905. Paris 1905. XVII, 320 S. (Sta 73, 1—192.) Vgl. GrP 21, S. 24, Fußnote.

wärtige Politik ebenso wie die innere unter seine Kontrolle nehme.“ (RB 228, 1907, 1254.)

---

43. 29. April 1907. — Erhöhung der türkischen Einfuhrzölle.

Drucke. 1. Selbständig. Am Fuß der letzten S.: Berlin, gedr. in der Reichsdruckerei. 81 S.; Aktenstücke Nr. 1—58, 14. Februar 1905—25. April 1907.

2. BD 1907, 2, Nr. 95: „Zusatzübereinkunft zum Handels- und Schiffahrtsvertrage zwischen dem Deutschen Reiche und der Türkei vom 26. August 1890 nebst einem Vollziehungsprotokolle. Eine erläuternde Denkschrift nebst Anlage ist weiter beigefügt.“ 91 S. Die Anlage (S. 11—91) enthält das Weißbuch.

3. RA 242, 1907, Nr. 408 (hinter S. 2312).

4. RS XII. Legislaturper., I. Sess., 5, 1907, Nr. 408. Derselbe Druck wie 2 und 3.

Sta 76, 137—197. — NAZ Nr. 109 vom 11. 5. 1907; Frankfurter Zeitung Nr. 127 vom 8. 5. 1907. — Vgl. die Reichstagsrede des Staatssekretärs des Auswärtigen Amts v. Tschirschky vom 11. Mai 1907 (RB 228, 1545/46): „Die Frage der dreiprozentigen Erhöhung der türkischen Eingangszölle, mit der sich die Vorlage beschäftigt, bildet einen integrierenden Bestandteil und die finanzielle Unterlage des mazedonischen Reformwerks.“

Eine zusammenfassende Darstellung des Reformwerks bietet neuerdings Jacob Ruchti: Die Reformaktion Österreich-Ungarns und Rußlands in Mazedonien 1903—1908. Gotha 1918. Für das deutsche Aktenmaterial ist jetzt in erster Linie heranzuziehen GrP 22, Kap. 162, S. 203 ff.: Die Mazedonischen Reformen. II. Die Finanzreform; Kap. 163, S. 327 ff.: Die Erhöhung der Türkischen Einfuhrzölle. Hinweise auf das Weißbuch finden sich in den Fußnoten auf S. 219, 221, 225, 235, 237, 238, 240, 258, 329, 330, 332, 334, 340, 341, 380, 381, 394.

---

44. 6. Dezember 1907. — Ergebnisse der Zweiten Internationalen Friedenskonferenz.

Drucke. 1. Selbständig. (Reichsdruckerei.) 2 Bl., 204 S.

2. BD 1907, 3, Nr. 209.

3. RA 244, 1908, Nr. 527.

4. RS XII. Legislaturper., I. Sess., 7, 1908, Nr. 527. Derselbe Druck wie 1—3.

Vgl. Sta 75, 1—119; GrP 23, Hälfte 1. 2.

Die Ankündigung des Weißbuchs durch den Reichskanzler v. Bülow in der Reichstagssitzung vom 29. November 1907 wurde mit einem gewissen Gefühl der Enttäuschung aufgenommen. Man hatte damals, als die Marokkofrage durchaus beherrschend im Vordergrund stand, entschieden Wichtigeres erwartet. Dieser Stimmung gab der Abgeordnete Zimmermann (Deutsche Reformpartei) in der Sitzung vom 2. Dezember 1907 mit folgenden Worten Ausdruck: „Der Herr Reichskanzler hat... ausgeführt: dem Wunsche des Reichstags bezüglich der auswärtigen Politik wird entgegengekommen werden, es werden dem Reichstag Weißbücher unterbreitet werden, und als erstes werden wir die Berichte über die Haager Konferenz erhalten. Nun, darin werden wir wohl schwerlich etwas Neues erfahren. Ich gehöre zu denen, welche die Bedeutung der Haager Konferenz nicht derartig hoch einstellen möchten, wie das hier von verschiedenen Seiten geschehen ist." (RB 229, 1966.)

---

45. 30. April 1908. — Zweites Marokko-Weißbuch. September 1906—April 1908.

Drucke. 1. Selbständig. Berlin 1908. Gedruckt in der Reichsdruckerei. Das erste und einzige Weißbuch mit dem vollständigen Impressum auf dem Titelblatt. XIV, 208 S. Das Weißbuch zerfällt in 14 nach sachlichen Gesichtspunkten gegliederte Abschnitte, innerhalb deren die zugehörigen Aktenstücke in chronologischer Anordnung erscheinen.

2. BD 1908, 1, Nr. 74.
3. RA 247, 1908, Nr. 948 (hinter S. 5468).
4. RS XII. Legislaturper., I. Sess., 13, 1908, Nr. 948.

Derselbe Druck wie 1—3.

Sta 76, 1—46. — Vgl. GrP 21, Hälfte 2, Kap. 157, S. 599 ff.: Neue Schwierigkeiten in der Marokkofrage. Herbst 1906—1907; 24, Abschnitt II, S. 213 ff.: Die Marokkofrage.

Bereits in der Sitzung der Budgetkommission vom 12. Februar 1908 hatte der Staatssekretär des Auswärtigen Amts Freiherr von Schoen bei der Beratung über den Etat des Auswärtigen Amts auf eine Anfrage des Abgeordneten Erzberger wegen der marokkanischen Angelegenheiten ein neues Marokko-Weißbuch in Aussicht gestellt. „Das Auswärtige Amt sei durchaus bereit, dem Wunsche des Reichstags nach Vorlage dokumentarischen Materials so weit als möglich entgegenzukommen, ... jedoch sei festzuhalten, daß politische oder kommerzielle Fragen, über welche Weißbücher ausgegeben werden sollen, erst zu einem gewissen Abschluß gekommen sein müssen. Allzu große Hoffnungen sollte man auf solche Weißbücher nicht setzen; das Beste und Wichtigste könne man in ihnen nicht sagen. Das hänge mit der Vertraulichkeit der diplomatischen Verhandlungen zusammen. Aber es seien auch die technischen Schwierigkeiten bei der Zusammenstellung von Weißbüchern zu beachten, die sich unter anderem aus der Notwendigkeit der Geheimhaltung der Chiffern ergeben.“ (NAZ Nr. 36. 12. 2. 1908.)

Eine weitere Ankündigung des zweiten Marokko-Weißbuchs erfolgte durch den Staatssekretär von Schoen in der Reichstagssitzung vom 24. März 1908 mit folgenden Worten: „Über diese Vorgänge sowie über manche andere Einzelheiten der marokkanischen Frage werden Sie Aufschluß finden in dem Weißbuch, das Ihnen, wie ich hoffe, in wenigen Wochen wird zugehen können.“

„Ich bedaure, daß es Ihnen bis jetzt nicht hat vorgelegt werden können; es stellt eine mühsame und zeitraubende

Arbeit dar. Sie werden aus demselben auch, wie ich hoffe, die Überzeugung gewinnen, daß wir unter schwierigen Umständen nichts versäumt haben, um die deutschen Interessen in Marokko nach Kräften zu fördern." (RB 231, 1908, 4251/52.)

Zu einer Besprechung des Weißbuchs im Reichstag kam es erst in der Sitzung vom 11. Dezember 1908. Dabei äußerte der Abgeordnete Dr. Heckscher (RB 231, 6160): „Der Herr Staatssekretär des Auswärtigen Amts hat, wie mir schien, mit einer gewissen Befriedigung konstatiert, daß wir im vorigen Jahr[1]) ein Weißbuch bekommen haben. Dieses Glück ist doch nur ein bedingtes; denn dieses schöne, dicke, wohlbeleibte Weißbuch wurde uns am 4. Mai in die Hände gedrückt, und am 7. Mai zogen wir in die Ferien, stolz des errungenen Weißbuches. Dieses Weißbuch haben wir auf der Rückfahrt in die Heimat gelesen und haben fünf Monate lang nichts damit anzufangen gewußt. Wenn man aber das Parlament — und das scheint mir eine Pflicht des Auswärtigen Amts zu sein — über den Gang der auswärtigen Dinge auf dem laufenden halten will, dann soll man doch Fürsorge treffen, daß die Weißbücher oder Gelb- oder Grünbücher so rechtzeitig in die Hände der Abgeordneten gelangen, daß wir in der Lage sind, im Anschluß an diese Veröffentlichung zu debattieren oder wenigstens Fragen an die Reichsregierung zu richten. Sonst sind sie ein gegenwärtig im wesentlichen wertloses, rein geschichtliches Dokument."

Die Presse berichtete außerordentlich eingehend über das neue Weißbuch, besonders ausführlich die NAZ vom 3. 5. 1908. Das Wiener Fremdenblatt vom 5. 5. 1908 bemerkte: „Das Weißbuch ist eine nützliche Lektüre für den, der sich über die Folge der marokkanischen Angelegenheiten in den letzten zweiundeinhalb Jahren unterrichten will, und stellt in seiner systematischen Ordnung eine wertvolle Vorarbeit für den künftigen Geschichtsschreiber dar. Aber kein

---

[1]) „Im Frühjahr dieses Jahres".

erregender Hauch weht aus diesen diplomatischen Blättern, obwohl sie das marokkanische Problem immer wieder von der Perspektive der deutsch-französischen Beziehungen behandeln... Das Weißbuch, das über so viele kriegerische Affären Informationen enthält, ist selbst eine Sammlung von Dokumenten der Friedensliebe."

Die Münchener Neuesten Nachrichten schrieben am 7. 5. 1908: „Nach der Geschäftslage und Stimmung im Reichstag ist es so gut wie ausgeschlossen, daß das Marokko-Weißbuch, noch vor der Vertagung, die möglicherweise morgen schon eintritt, zur Besprechung gelangt... Vielleicht wird man sagen, die Regierung hätte mit dem Weißbuch eher herauskommen sollen. Sie hat sich redlich darum bemüht. Schon vor mehreren Wochen war das Weißbuch in der Anlage fertig. Dann aber kamen die Fragen und die Antworten. Es ist diplomatischer Brauch, daß derartige Publikationen im Einvernehmen mit jenen Mächten vorgenommen werden, die an den betreffenden Vorgängen beteiligt sind. Soweit es sich dabei um schriftliche oder telegraphische Noten handelt, ist die Sache sehr einfach. Schwierig ist dagegen die Wiedergabe mündlicher Verhandlungen. Diese werden in der Fassung, die publiziert werden soll, den fremden Regierungen vorgelegt, und es geschieht sehr häufig, daß diese bitten, die Äußerungen ihrer Vertreter in dieser oder jener Wendung zu modifizieren."

„Wenn man bedenkt, daß es sich im jetzigen Weißbuch um die authentische Fassung von 30 bis 40 derartigen Diplomatengesprächen in Berlin, Paris, Madrid und Tanger handelt, so begreift man, daß dieser schwerfällige Apparat des Anfragens und des Antwortens lange Zeit in Anspruch nimmt, bis alles klappt... Wir führen diese Tatsachen nur an, um etwaigen Unterstellungen zuvorzukommen, als ob die Reichsregierung absichtlich die Veröffentlichung des Weißbuches hinausgeschoben habe, um eine Marokko-Debatte im Reichstage zu vereiteln."

Auch die Pariser Zeitungen Temps, Figaro, Journal des

Débats vom 5. 5. 1908 beschäftigten sich in umfassenden Artikeln mit dem deutschen Weißbuch, in dem La Liberté sofort „Quelques erreurs et oublis" festzustellen suchte. —

Im Anschluß an das zweite Marokko-Weißbuch seien hier noch erwähnt die vom Auswärtigen Amt herausgegebenen „Aktenstücke über die schiedsgerichtliche Erledigung der durch den Zwischenfall von Casablanca hervorgerufenen Streitfragen. 1908/09". (Berlin, Reichsdruckerei 1909), 2 Bl., 16 S. Nicht für den Reichstag gedruckt und daher nicht zu den eigentlichen parlamentarischen Weißbüchern zu zählen, waren sie in erster Linie zu Informationszwecken, namentlich für die Kaiserlichen Missionen und Berufskonsulate bestimmt, denen das Auswärtige Amt die Drucksache am 11. Juni 1909 zugehen ließ.

Vgl. GrP 24, Kap. 180, S. 327 ff.: Der Zwischenfall von Casablanca Herbst 1908, besonders die Fußnote S. 371/72, die auf das Weißbuch Bezug nimmt.

---

46. 20. März 1909. — Ergebnisse der Londoner Seekriegsrechts-Konferenz.

Drucke. 1. Selbständig. (Reichsdruckerei.) 2 Bl., 33 S.

2. BD 1909, 1, Nr. 44.

3. RA 254, 1909, Nr. 1286.

4. RS XII. Legislaturper., I. Sess., 1907/1909, 21, 1909, Nr. 1286. Derselbe Druck wie 1—3.

Das letzte Weißbuch unter der Reichskanzlerschaft des Fürsten v. Bülow.

Vgl. GrP 23, Hälfte 2, S. 391/92 Fußnote.

---

47. 30. November 1909. — Erläuterungen zu den Ergebnissen der Londoner Seekriegsrechts-Konferenz.

Drucke. 1. Selbständig. (Reichsdruckerei.) 1 Bl., 106 S.

2. BD 1909, 4, Nr. 176.

3. RA 270, 1911, Nr. 33.

4. RS 12. Legislatur-Per., II. Sess. 1909/10, Nr. 33. Derselbe Druck wie 1—3.

Den Hauptinhalt des Weißbuchs bildet der „in französischem Texte und in deutscher Übersetzung abgedruckte Generalbericht des Redaktionsausschusses der Londoner Seekriegsrechts-Konferenz“. Der von dem französischen Bevollmächtigten Professor Louis Renault verfaßte und von der Konferenz gebilligte Bericht „enthält eine eingehende Begründung der von der Konferenz ausgearbeiteten Erklärung über das Seekriegsrecht, und zwar sowohl eine Darlegung der bei der Aufstellung maßgebend gewesenen Grundanschauungen als auch der für die Auslegung der einzelnen Bestimmungen in Betracht kommenden Gesichtspunkte. Er ist daher geeignet, den zur Anwendung der Erklärung berufenen Militär- und Zivilbehörden als amtlicher Kommentar zu dienen“. (S. 100.)

Vgl. Georg Schramm: Die Verhandlungen und Beschlüsse der Londoner Seekriegsrechtskonferenz. Dezember 1908 bis Februar 1909. Auf Veranlassung des Reichs-Marine-Amts zusammengestellt. Berlin 1911. — Alexander Frh. Hold von Ferneck: Die Reform des Seekriegsrechts durch die Londoner Konferenz 1908/09. Stuttgart 1914. (Handbuch des Völkerrechts. Bd. 4. Abt. 3.) — Strupp: Wörterbuch des Völkerrechts, Bd. 1, 1924, S. 835—837.

---

48. 17. Januar 1910. Deutsche Bergwerksinteressen in Marokko.

Drucke. 1. Selbständig. (Reichsdruckerei.) 66 S.; S. 3—17: Denkschrift, 19—66: Anlagen (Aktenstücke) 1—73, 25. Juli 1906—16. November 1909.

2. BD 1910, 1, Nr. 9.

3. RA 272, 1911, Nr. 189 (hinter S. 1334).

4. RS 12. Legislatur-Per., II. Sess. 1909/10, Nr. 189. Derselbe Druck wie 1—3.

Das ihm am 14. Januar 1910 zur Genehmigung vorgelegte Weißbuch versah der Reichskanzler v. Bethmann Hollweg an demselben Tage mit der Bemerkung: „Mit der Denkschrift einverstanden. Die Anlagen habe ich nur flüchtig geprüft."

Französische Übersetzung unter dem Titel: Affaires du Maroc. Livre blanc allemand. (Janvier 1910.) Mémoire et documents sur les intérêts miniers allemands au Maroc. Traduction par M. Paul Adam; Paris: Librairie ancienne H. Champion, Editeur 1910.

Vgl. Marokko-Minen-Syndikat. Beantwortung der amtlichen „Denkschrift und Aktenstücke über Deutsche Bergwerksinteressen in Marokko" (Nr. 189). Berlin, März 1910. (Blaubuch.) —

Hans A. Osman: Die Mannesmann-Rechte und das Weißbuch im Lichte der deutschen Presse. T. 1. 2. Broschürenfolge: Verlag Continent, Berlin (1910). — Heinrich Pohl: Der Rechtsfall Mannesmann. Bericht und Gutachten auf Ersuchen des Marokko-Minensyndikats G. m. b. H. Bonn 1910.

Derselbe: Aus Völkerrecht und Politik. Gesammelte Aufsätze. Berlin 1913, S. 48 ff.: Rechtsfragen im marokkanischen Bergwerksstreit. (Archiv für öffentliches Recht, 26, 1910, S. 408 ff.); S. 96 ff.: Marokko und Mannesmann. Ein völkerrechtlicher Rückblick. (Zeitschrift für Politik, 5, 1912, S. 558—577.) — Strupp: Wörterbuch des Völkerrechts, Bd. 2, 1925, S. 14/15. — Frh. v. Schoen: Erlebtes. 1921, S. 106—109.

Im Reichstag begegnete das Weißbuch in der Sitzung vom 15. März 1910 namentlich bei den Nationalliberalen einer ziemlich scharfen Kritik (RB 260, 2133/34). Nachdem der Abgeordnete Dr. Stresemann im Hinblick auf die damals vielfach als Schwäche ausgelegte Haltung der Wilhelmstraße betont hatte, „daß gerade eine Politik der Stärke, daß gerade eine Politik tatkräftiger Entschlossenheit demjenigen Staate, der sie treibt, allerorten in der Welt Sympathie und Achtung verschafft, während vielleicht ihn nichts mehr schädigen kann, als ein Zweifel an diesen Eigenschaften", fuhr er fort: „Wenn wir uns heute fragen, ob das Gefühl der Genugtuung über unsere Stellung in der Welt, ob die Übereinstimmung zwischen der öffentlichen Meinung und dem Auswärtigen Amt so vorhanden ist, so als communis opinio uns entgegentritt wie damals [1]), so glaube ich, hieße es doch den Tatsachen Gewalt antun, wenn man verkennen wollte, daß eine gewisse Beunruhigung in weiten Kreisen der öffentlichen Meinung sich geltend gemacht hat. Wir begegnen sowohl innerhalb der Presse wie innerhalb der öffentlichen Meinung der Auffassung, daß deutsche Interessen im Auslande nicht mit der Festigkeit und Energie wahrgenommen werden, die sie verdienen."

„Daß diese Stimmung vorhanden ist, das hier auszusprechen, habe ich gar kein Bedenken. Das hat das Auswärtige Amt selbst ausgesprochen durch die Veröffentlichung des Weißbuchs über die Bergwerksinteressen in Marokko. Meiner Meinung nach ist die Herausgabe dieses Weißbuchs überhaupt nur zu erklären — viele meiner Freunde meinen, überhaupt nur zu entschuldigen — unter dem Gesichtspunkt, daß das Auswärtige Amt eine Flucht in die Öffentlichkeit versuchte, sich gegen die, wie wir zugeben, in vielem über das Ziel hinausschießenden und zu weit gehenden Angriffe der Presse seinerseits verteidigen wollte, um nun auch den Standpunkt des Auswärtigen Amts zur Geltung zu bringen."

Diese Ausführungen riefen am folgenden Sitzungstage den Reichskanzler v. Bethmann Hollweg auf den Plan, der dem nationalliberalen Redner folgendes entgegnete (RB 260, 2162/63):

„Der Herr Abgeordnete Stresemann hat gestern die Herausgabe des Weißbuchs in der Mannesmannangelegenheit bemängelt. Er hat gemeint, das Auswärtige Amt habe mit dieser Veröffentlichung eine Flucht in die Öffentlichkeit

[1]) Zur Zeit des Zusammengehens mit Österreich-Ungarn während der bosnischen Krise.

angetreten. Dieser Auffassung muß ich mit aller Entschiedenheit widersprechen. Ich hätte sehr gern von der Veröffentlichung des Weißbuchs abgesehen, weil, wie ich schon vorhin ausführte, die öffentliche Darstellung des ganzen Falles dem Auswärtigen Amt das Eintreten für die Mannesmannschen Interessen innerhalb der Grenzen, die ich soeben skizziert habe, nicht erleichtert hat. Nachdem aber die enragiertesten Vertreter der Mannesmannschen Interessen in einer sehr energisch betriebenen Preßkampagne immer von neuem die Zurückhaltung des Auswärtigen Amts als Furcht vor der Öffentlichkeit hingestellt haben, blieb uns gar nichts anderes übrig, als der Öffentlichkeit zu zeigen, daß das Auswärtige Amt in dieser Angelegenheit nichts zu verbergen hat." —

Mit dem Weißbuch über die deutschen Bergwerksinteressen in Marokko schließt die Reihe der deutschen Vorkriegsweißbücher. Das nächste Weißbuch, das der Reichskanzler v. Bethmann Hollweg dem Reichstag am 3. August 1914 vorlegte, trug den Titel: „Vorläufige Denkschrift und Aktenstücke zum Kriegsausbruch". — — —

Erster Anhang.

Nicht veröffentlichte Weißbücher.

Es kann vorkommen, daß die Gründe, die eine Regierung zu dem Entschluß veranlassen, diplomatische Aktenstücke über einen bestimmten Einzelfall herauszugeben, im Verlauf der Angelegenheit sich verschieben oder gar, falls etwa auf dem Verhandlungswege ein Ausgleich zwischen den streitenden Parteien zustande gekommen ist, völlig hinfällig werden. Unter derartigen Umständen könnte ein Farbbuch sogar eher Schaden als Nutzen stiften, indem es bereits halbvergessene Zwistigkeiten aufs neue ans Licht und in die Debatte zieht. Eine solche Diskussion über alte, nicht mehr aktuelle Animositäten könnte nicht nur dem eigenen, sondern auch dem fremden Lande, mit dem man doch nach Beilegung der Differenzen fortan in möglichst guten Beziehungen leben will, Nachteil bringen, weil sie vielleicht den Oppositionsparteien Material zu Angriffen gegen die Regierung liefern würde. So kann der Fall eintreten, daß vorbereitete und sogar schon fertiggestellte Farbbücher schließlich doch nicht veröffentlicht werden, weil ihnen eine positiv-praktische Bedeutung nicht mehr zukommt.

Ein Beispiel der Art bietet das deutsche Weißbuch „Aktenstücke betreffend die Pelew- und Karolinen-Inseln", das nur in einem Korrekturabzug, datiert 30. Dezember 1885, und in einem Revisionsabzug, datiert 12. Januar 1886, gedruckt worden ist. Es enthält auf VII + 76 Seiten 34 Aktenstücke aus der Zeit vom 22. August 1874 bis zum 18. Dezember 1885.

Am 25. August 1885 hatte das deutsche Kanonenboot „Iltis" auf der Karolinen-Insel Yap die deutsche Flagge gehißt. Dieser Vorgang rief in Spanien, besonders in Madrid, eine ungeheure Erregung hervor. Die Lösung des Streitfalls erfolgte aber dank der Friedenspolitik des Fürsten Bismarck schon bald durch die von Deutschland vorgeschlagene und von Spanien nach anfänglichem Widerstand angenommene Vermittlung Papst Leos XIII. Das auf Grund der päpstlichen Vermittlungsnote vom 22. Oktober vereinbarte Protokoll wurde am 17. Dezember 1885 unterzeichnet.

Die noch am Tage der Flaggenhissung vom Reichskanzler befohlene und seitdem in enger Fühlungnahme mit ihm geförderte Vorbereitung des Weißbuchs nahm einstweilen unter der regen Mitarbeit des Fürsten ihren Fortgang. Den Korrekturabzug hat er selbst aufs genaueste durchgesehen. Er enthält zahlreiche Verbesserungen, Streichungen und Bemerkungen von seiner Hand. Vermeidung jeder Polemik gegenüber der spanischen Regierung galt als leitende Richtlinie für die Zusammenstellung der betreffenden Aktenstücke. Dieser Gesichtspunkt war zuletzt auch ausschlaggebend für die endgültige Zurückziehung des Weißbuchs, die Fürst Bismarck am 28. Juni 1886 verfügte. In seinen Reichtagsreden vom 11. und 12. Januar 1887 bezeichnete er die Karolinen als „Lumperei, und gerade weil es eine Lumperei ist, habe ich mit Spanien deshalb Frieden haben und den Krieg nicht herbeiführen wollen". (Bi 12, 216, 242, 243.)

Vgl. Sta 46, 159—185; Hagen 552 ff.; Max v. Koschitzky: Deutsche Kolonialgeschichte. 2, 278—317; Ludwig Hahn: Fürst Bismarck. 5, 172—184; Schulthess' Europ. Geschichtskal. 1885, 120—128, 130—137, 140/41, 160/61, 163, 398—400; Strupp: Wörterbuch des Völkerrechts. 1, 621—623; L. Raschdau: Meine ersten dienstlichen Beziehungen zu Fürst Bismarck (in: Erinnerungen an Bismarck. In Verb. mit A. v. Brauer gesammelt von E. Marcks u. K. A. v. Müller. 1915, S. 27 ff.); Lucius von Ballhausen: Bismarck-Erinnerungen. 4.—6. Aufl. 1921, S. 318/19, 328. —

Als weiteres Beispiel gehört hierher das dritte Marokko-

Weißbuch, über das der Staatssekretär von Schoen am 10. Dezember 1908 im Reichstag folgende Erklärung abgab: „Zunächst Marokko! Im Frühjahr dieses Jahres ist Ihnen eine Sammlung von Aktenstücken über diese Frage vorgelegt worden. (Verzeichnis der Weißbücher. Nr. 45.) Eine Fortsetzung dieses Weißbuches ist in Arbeit, und ich hoffe, daß Ihnen dasselbe bei Ihrem Zusammentritt nach den Weihnachtsferien oder sehr bald danach zugänglich gemacht werden kann. Sie werden in diesem Weißbuch manche Aufklärung und manche Berichtigung finden." (RB 233, 6106.)

Auch dieses Weißbuch ist später mit Rücksicht auf die durch das deutsch-französische Marokkoabkommen vom 9. Februar 1909 [1]) geschaffene veränderte Lage nicht veröffentlicht worden.

Zweiter Anhang.

Farbbücher fremder Staaten.

Es liegt nicht im Rahmen unserer Aufgabe, an dieser Stelle eine ausführliche Darstellung der fremden Farbbücher in allen ihren Beziehungen zu geben. Was hier geboten werden kann, sind einzelne im wesentlichen historisch-bibliographische Bausteine zu einer solchen Darstellung, die sich hier und da am Wege fanden. Wir beschränken uns dabei ausdrücklich auf diejenigen Länder, deren Farbbücher in unseren Darlegungen wiederholt in irgend einem Zusammenhang mit den deutschen Weißbüchern erwähnt worden sind, d. h. im wesentlichen auf die europäischen Großmächte der Vorkriegszeit.

Eine umfassende Bibliographie der amtlichen Drucksachen sämtlicher europäischen Regierungen verdanken wir neuerdings dem Reference Service on International

---

[1]) GrP 24, 459 ff.; vgl. auch Stieve: Deutschland u. Europa, S. 214.

Affairs in Paris [1]). Sie enthält auch mehr oder minder vollständige Angaben über die von den einzelnen auswärtigen Ministerien herausgegebenen außenpolitischen Buntbücher und ist daher in jedem Fall zu vergleichen.

Wir beginnen mit

Osterreich-Ungarn

und lassen zunächst ein chronologisches

Verzeichnis der österreichischen Rotbücher

folgen [2]).

Nr. 1—6 haben den gleichlautenden Titel: „Auswärtige Angelegenheiten. Korrespondenzen des kais. kön. (2—6: gemeinsamen) Ministeriums des Äußern.“ Wien. Druck und Verlag der k. k. Hof- und Staatsdruckerei [3]). 4°.

1. 1868. Nr. 1. Vom November 1866 bis Ende 1867. (III, 150 S.)
2. 1868. Nr. 2. Vom Januar bis November 1868. (III, 110 S.)
3. 1869. Nr. 3. Vom November 1868 bis Juli 1869. (III, 50 S.)
4. 1870. Nr. 4. Vom August 1869 bis November 1870. (III, 140 S.)
5. 1871. Nr. 4 (Nachtrag). November und Dezember 1870. (III, 22 S.)

---

[1]) Official Publications of European Governments. Published by the Reference Service on International Affairs, American Library in Paris. Paris 1926. (284 Bl.) 4° (OP)

[2]) Den Grundstock des Verzeichnisses verdanke ich der Liebenswürdigkeit des Herrn Ministerialrats Frh. von Mitis in Wien. — Vgl. auch die Liste im „Generalregister zu den stenographischen Protokollen der Delegation. I.—XL. Session. 1868—1904“. Wien 1906, S. 396 unter dem Stichwort „Rotbuch“; ferner die Übersicht bei Denys Peter Myers: Manual of Collections of Treaties and of Collections relating to Treaties. Cambridge 1922, S. 83/84; OP, Bl. 5—7.

[3]) Dasselbe Impressum mit geringfügigen Änderungen bei sämtlichen Rotbüchern.

6. 1871. Nr. 5. Vom November 1870 bis April 1871. (III, 89 S.)
7. 1872. Nr. 6. Vom November 1871 bis September 1872. (III, 86 S.)
8. 1873. Nr. 7. Auswärtige Angelegenheiten. Korrespondenzen und Aktenstücke, welche das kais. und kön. gemeinsame Ministerium des Äußern den Delegationen vorgelegt hat. April 1873. (III, 104 S.)
9. 1874. Nr. 8. Derselbe Titel. April 1874. (III, 117 S.)
10. 1875. Korrespondenzen des Ministeriums des Äußern und Berichte der k. u. k. Missionen und Konsulate in handelspolitischen Angelegenheiten. Nr. 1. (Den beiden Delegationen vorgelegt im Oktober 1875.) (118 S.)
11. 1876. Berichte der k. und k. Missionen und Konsulate in handelspolitischen Angelegenheiten. Nr. 2. (Den beiden Delegationen vorgelegt im Mai 1876.) (204 S.)
12. 1878. Aktenstücke aus den Korrespondenzen des kais. und kön. gemeinsamen Ministeriums des Äußern über orientalische Angelegenheiten. (Vom 16. Mai 1873 bis 31. Mai 1877.) (2 Bl., 765 S.)
13. 1878. Derselbe Titel. (Vom 7. April 1877 bis 3. November 1878.) (1 Bl., 207 S.)
14. 1878. Derselbe Titel mit dem Zusatz: Europäische Kommission im Rhodope-Gebiete. (Vom 12. Juli bis 6. September 1878.) (17 S.)
15. 1878. Aktenstücke in orientalischen Angelegenheiten. Präliminarfriede von San Stefano. Kongreß-Protokolle und Vertrag von Berlin. (165 S., 1 Kte.)
16. 1880. Titel wie 12. (Vom 13. Juli 1878 bis 12. Oktober 1880.) (404 S.)
17. 1881. Derselbe Titel. (Vom 2. Oktober 1880 bis 30. August 1881.) (299 S.)
18. 1906. K. u.k. Ministerium des Äußern. Diplomatische

Aktenstücke über die Reformaktion in Mazedonien. 1902—1906. (X, 191 S.)

19. 1906. K. u. k. Ministerium des Äußern. Diplomatische Aktenstücke und Dokumente über die internationale Konferenz von Algeciras. 1905—1906. (VI, 451 S.)

20. 1906. K. u. k. Ministerium des Äußern. Diplomatische Aktenstücke über die Handelsvertrags-Verhandlungen mit Serbien. 1905—1906. (IV, 27 S.)

21. 1907. K. u. k. Ministerium des Äußern. Diplomatische Aktenstücke über die Reformaktion in Mazedonien. 1906—1907. (XII, 175 S.)

22. 1908. K. u. k. Ministerium des Äußern. Die zweite Haager Friedenskonferenz. 1907. (IV, 240 S.)

23. 1909. K. u. k. Ministerium des Äußern. Diplomatische Aktenstücke betreffend Bosnien und die Herzegowina. Oktober 1908 bis Juni 1909. (XII, 143 S.)

24. 1914. K. u. k. Ministerium des Äußern. Diplomatische Aktenstücke betreffend die Ereignisse am Balkan. 13. August 1912 bis 6. November 1913. (XXXIV, 463 S.)

Zur Entstehungsgeschichte der Rotbücher.

Die Rotbücher verdanken ihre Entstehung dem Grafen Beust, der auf Drängen des Reichsrats und besonders auch unter dem Einfluß der Deak-Partei[1]) zu dieser Maßnahme griff. In einem vertraulichen Gespräch mit dem preußischen Gesandten von Werther äußerte er, „er habe diese Veröffentlichung für notwendig gehalten, um hiesigen parlamentarischen Wünschen nachzukommen und dadurch auch vielfachen Diskussionen über auswärtige Fragen vorzubeugen.

[1]) Franz von Deak, 1803—1876, Führer der sogenannten (gemäßigt liberalen) Adreßpartei.

Das wäre ihm auch gelungen. Er habe getrachtet, darin eine vollständige Übersicht der Verhandlungen des vorigen Jahres zu liefern, und zwar so, daß es Interesse errege und wirkliche Aufschlüsse gebe; auch hielte er es für angemessen, es tatsächlich zu beweisen, welche Tätigkeit die Diplomatie ausübe, indem darüber vielfach irrtümliche Auffassungen verbreitet wären“ [1]).

Eine ausführliche Darlegung der Gründe, die Beust bei der Veröffentlichung seiner Rotbücher leiteten, enthält das dritte Rotbuch in den Aktenstücken Nr. 6—8: „Zur Praxis diplomatischer Veröffentlichungen“. Besonders wichtig ist das Aktenstück Nr. 6: „Instruktion an Grafen Wimpffen in Berlin“, datiert Ofen, 2. Dezember 1868. Darin heißt es (Seite 9): „Man spricht und schreibt, als werde das Rotbuch von uns herausgegeben um des Vergnügens willen, unsere Nachbarn zu necken. Nichts ist irriger. Wenn irgend eine Regierung, so ist die unsrige zu einer Publikation dieser Art genötigt, ja sie kann sich einer solchen weniger, als irgend eine andere Regierung entschlagen. Unsere auswärtige Politik wird nicht in vollzähligen Parlamenten diskutiert, sondern in den Delegationen, deren Bedeutung in der dualistischen Verfassung nicht hoch genug angeschlagen werden kann, die sich aber geschäftlich nur vor die trockene Aufgabe der Prüfung der Budgets des Kriegs und des Äußern gestellt finden. Es ist unmöglich, diesen Körperschaften einen wirklichen Einblick in die Führung der auswärtigen Politik vorzuenthalten. Es bleibt Pflicht des Ministers, die Beziehungen zu den fremden Mächten mit Vorsicht und mit aller denkbaren Schonung der ihm anvertrauten hohen Interessen zu behandeln, aber der Minister glaube nicht, daß die Kunst mit orakelhaften Wendungen nichts zu sagen, zur Befriedigung der Vertreter der beiden Reichshälften hinreiche. Wer unsere Verhältnisse kennt, weiß, daß eine ernsthafte Grundlage für das Votum der Delegationen notwendig ist,

[1]) Bericht Werthers vom 12. Februar 1868.

und nur vom Gesichtspunkte dieses Bedürfnisses muß ein billiges Urteil über das Rotbuch ausgehen. Ein Spiel ist diese Publikation nicht, auch nicht ein diplomatisches Hilfsmittel, sondern sie entspricht einem vorhandenen und ehrlich anerkannten Erfordernisse unserer eigentümlichen Verfassungsverhältnisse."

Auch in seinen Erinnerungen „Aus drei Viertel-Jahrhunderten" kommt Beust auf die Anfänge des Rotbuchs zurück und erzählt (Bd. 2, S. 171) folgendes: „Bei der ersten Delegation führte ich die bisher in Österreich ungekannte Einrichtung einer dem englischen Blaubuch nachgebildeten Vorlage diplomatischer Korrespondenzen ein, wie solche bereits in Frankreich und in Italien zur Anwendung gekommen war. Nachdem Frankreich die gelbe und Italien die grüne Farbe gewählt hatte, blieb kaum eine andere als die rote übrig, und für diese entschied man sich in einer Nüance die mehr rosa als hochrot war. La diplomatie voit toujours les choses en rose."

„Das österreichische Rotbuch, welches unter Graf Andrássy einige Zeit hindurch aufgegeben war, bald jedoch wieder aufgenommen wurde, hat gar verschiedene Stadien der Gunst und Ungunst durchlaufen. Nicht nur der ungewohnten Errungenschaft, sondern auch des Inhalts wegen erntete das erste Rotbuch ungeteilten Beifall, und alle Blätter waren des Lobes voll."

Bemerkungen zu einzelnen Rotbüchern.

Zu 1. Eine englische Übersetzung erschien 1868 in London bei Dulau & Co. unter dem Titel: „Austrian Red-Book. Diplomatic Correspondence of the Imperial-Royal Ministry for Foreign Affairs from November 1866 to 31st December 1867. No. 1." Die Übersetzung rührt von einem gewissen auf dem Titelblatt und auch sonst in dem Buch nicht genannten Friedrich L. Weinmann her, der, geborener Mecklenburger und früher im Dienste des Herzogs von Augustenburg tätig, damals von Beust und der österreichischen Regierung als Presseagent nach London geschickt war, um die englische Presse für Österreich zu gewinnen. Er verfaßte auch die Broschüre „Austria, a constitutional state: a short sketch of the rise, progress, and development of constitutional life in the Austrian Dominions". London: Dulau & Co. 1867. (100 S.)

Die Presse nahm das erste Rotbuch mit großem Beifall auf. Sowohl die Wiener als auch die ungarischen Zeitungen sprachen sich über die Veröffentlichung sehr befriedigt aus [1]).

Ebenso interessant wie charakteristisch waren die Äußerungen, welche „Pesti Naplo", das Organ der Deak-Partei, an die Publikation knüpfte: „Die Politik der Deak-Partei hat heute einen ihrer Triumphe gefeiert; das Rotbuch wurde auf den Tisch der ungarischen Delegation niedergelegt, d. h.: die österreichische Diplomatie legt Rechenschaft ab vor den Bevollmächtigten des ungarischen Reichstages. Kaum zwei Zeilen, und welch riesige Tatsachen! Wenn Fürst Metternich oder Schwarzenberg, die mit solcher Eifersucht das unter sieben Siegeln verwahrte Geheimnis der österreichischen Diplomatie bewachten, dies erführen — gewiß, sie würden sich im Grabe umkehren..."

„Heute zum erstenmale tritt Ungarn mit einer Rolle, die seiner würdig ist, in den Kreis der europäischen Diplomatie. Heute zum erstenmale übt es seinen Einfluß auf die auswärtige Politik der Monarchie rechtmäßig, offen anerkannt und unmittelbar. Das Wort, das es heute in die Wagschale wirft, das hat sein volles Gewicht. Von heute an ist die europäische Diplomatie gezwungen, nolens volens die Anschauungen, Wünsche und Bestrebungen, die Sympathien oder Antipathien der ungarischen Nation in Berechnung zu ziehen."

„Der heutige Tag aber räumt nicht nur der ungarischen Nation einen würdigen Platz in dem Rate der großen Nationen

---

[1]) Bericht Werthers vom 10. Februar 1868.

Europas ein, sondern stellt die ganze Monarchie in die Reihe der wirklich parlamentarischen Staaten. Und diese zwei riesigen Tatsachen sind ein Erfolg der Politik der Deak-Partei. Der 4. Februar wird ein epochemachender Tag in der Geschichte der Monarchie sein, und die Deak-Partei kann mit Stolz sagen: Das ist unser Werk."

„Was das Rotbuch selbst anbelangt, so ist jede Zeile, sowohl des Vorwortes als der Aktenstücke, von einem edlen und weisen Geiste durchweht, der aufrichtig, aber gleichzeitig auch würdevoll die Erhaltung des Weltfriedens anstrebt." (Nach einem „Pest, 5. Februar" datierten Bericht der „Neuen Freien Presse".)

Von kritischen deutschen Stimmen seien genannt die „Preußischen Jahrbücher" (Bd. 21, 1868, S. 356—374), deren Artikel mit dem Satze schließt: „Herr von Beust ist zu sehr beflissen, seine Loyalität und rückhaltlose Offenheit gegen Preußen hervorzuheben. Er vergißt, daß durch solche Versicherungen in dem Leser seines Rotbuchs das Mißtrauen wachgerufen wird, welches er einschläfern will." Ferner „Die Grenzboten" (Jg. 27. 2. Sem. Bd. 2. 1868, S. 420—425), die über den Inhalt des Rotbuchs folgendermaßen urteilen: „Im ganzen geben diese Aktenstücke wie auch die vorausgeschickte Einleitung einen neuen Beweis für die Tatsache, welche jeder Denkende sich klar gemacht hat, daß eine unmittelbare Gefährdung des Friedens nicht vorliegt, daß dagegen die Situation höchst prekär ist und ein Vertrauen in die Dauer des Friedens nicht aufkommen lassen kann." Der Schlußsatz des Grenzboten-Aufsatzes lautet: „Die altbekannte journalistische Emsigkeit des Grafen Beust verdient — nebenbei bemerkt — auch vor dem Rotbuch die kollegiale Anerkennung der deutschen Zeitungspresse." — Vgl. noch: Gustav Kolmer, Parlament und Verfassung in Österreich. Bd. 1. 1902, S. 320.

Zu 2. Vgl. Kolmer 1, 360.

Zu 3. Vgl. Alphonse de Calonne: La politique de M. de Beust et ses dangers pour la paix de l'Europe. Extrait de la

Revue Contemporaine (Livraison du 31 août 1869). Paris 1869, besonders S. 18 ff.: „Les Livres-rouges ne sont pas, quoi qu'on dise, une imitation des Blue-Book anglais; ils n'en sont que la parodie. Ils procèdent bien plutôt de nos Livres-jaunes et des Livres-verts italiens, recueils formés d'un choix ingénieux de dêpêches, souvent rédigées ad hoc et toujours présentées au public en vue d'un effet à produire: non pour éclairer les faits, mais pour exercer une influence voulue sur l'opinion; non pour que la vérité se dégage, mais au contraire pour qu'elle s'obscurcisse et au besoin pour qu'elle soit faussée... Si la parole a été donnée à l'homme pour dissimuler sa pensée, on peut dire que les Livres jaunes et rouges ont été imaginés pour exprimer le contraire de ce que l'on pense..." — Vgl. auch Beust: Aus drei Viertel-Jahrhunderten. 2, 246 ff.; Kolmer 1, 393. — In den „Grenzboten" (Jg. 28. 2. Sem. Bd. 1. 1869, S. 224—228) erfuhr das dritte Rotbuch und sein Verfasser ganz im Gegensatz zum ersten eine scharfe Verurteilung. Man höre folgende Sätze: „Wir haben früher Graf Beust gegen die Anschuldigungen der offiziösen preußischen Presse verteidigt, welche ihn bei jeder Gelegenheit als Störenfried und Ränkeschmied hinstellte, aber es fällt uns schwer, zu Gunsten seiner neuesten Publikationen etwas zu sagen... Graf Beust ist unzweifelhaft ein sehr gescheiter Mann, er hat auf seinen schwierigen Posten Großes geleistet, aber er hat eine unglückliche Sucht, von sich reden zu machen und über alles seine Meinung abzugeben. Diese Neigung zeigte sich schon, als er nur sächsischer Minister war und sich als solcher bewogen fand, über alle Ereignisse der großen Politik Depeschen abzufassen, die von den europäischen Kabinetten mit unverhohlener Geringschätzung behandelt wurden. „Mr. de Beust est un railleur" hieß es in den Kanzleien, zumal seine Auslassungen meist von unerträglicher Breite waren. „Mordax" nannte sich Herr von Beust in Dresden selber, — „scribax" wäre richtiger gewesen. Der jetzige Reichskanzler hat nun allerdings den Beruf, sich über die meisten Fragen der europäischen Politik auszusprechen, aber er fehlt unserer Ansicht nach, von der Sache abgesehen, noch oft in der Form; er schreibt, wo es nicht nötig ist, widerlegt Einwände oder Beschwerden, die niemand erhoben hat, und zieht seine Argumentationen zu ungebührlicher Länge aus. Aus allem, was er schreibt, leuchtet nicht der feste klare Sinn des Staatsmannes, der unbeirrt ein großes Ziel verfolgt, sondern der unruhige Geist eines begabten Mannes, dem vor allem daran liegt, daß er bei allem mitspreche."

Zu 4 und 5. Das vierte Rotbuch nebst Nachtrag war das erste, das einer gewissen Kritik der Delegierten begegnete. Die Subkommission der Delegation erstattete darüber folgenden Bericht [1]: „Das Rotbuch, so wie dasselbe bisher vom Ministerium des Äußern redigiert erscheint, enthält die kurze geschichtliche Schilderung des Vorgehens dieses Ministeriums, begleitet von jenen Dokumenten, deren Mitteilung das Ministerium nach seinem eigenen Ermessen für gut findet; daher könnte die Veröffentlichung des Rotbuches leicht den Anschein haben, als hätte sie hauptsächlich den Zweck, daß die in demselben mitgeteilten Daten und Dokumente die in der Einleitung geschilderte politische Tätigkeit dieses Ministeriums unterstützen und rechtfertigen sollen."

„Die Subkommission ist der Meinung, daß in konstitutionellen Staaten die Veröffentlichung der Korrespondenzen des Ministeriums des Äußern nur den Zweck haben kann, daß die Körperschaften, welche zur Verhandlung der auswärtigen Angelegenheiten berechtigt sind, auf authentische Weise in den Besitz der diplomatischen Dokumente gelangen sollen; daher erachtet sie es als wünschenswert, daß dieses Vorgehen auch in der österreichisch-ungarischen Monarchie beobachtet werde. Deshalb stellt sie den Antrag, „die geehrte Delegation möge den Wunsch ausdrücken, daß für die Zukunft im Rotbuche alle jene auf die auswärtigen Angelegenheiten Bezug habenden Korrespondenzen und Dokumente, durch

[1]) Bericht des Gesandten von Schweinitz vom 24. Januar 1871 nebst beigefügtem Zeitungsausschnitt.

deren Mitteilung die internationalen Interessen der Monarchie nicht gefährdet werden, möglichst erschöpfend und ausführlich, aber ohne jede Einleitung und Motivierung veröffentlicht werden mögen." — Vgl. Kolmer 2, 105.

Zu 6. Das letzte Rotbuch des Reichskanzlers Beust, der im Zusammenhang mit dem Sturz des Kabinetts Hohenwart am 8. November 1871 zurücktrat. Am 14. November 1871 wurde Graf Andrássy zum Minister des Auswärtigen und des kaiserlichen Hauses ernannt. Der dem Grafen Beust am 23. Juni 1867 verliehene Titel des Reichskanzlers kam in Fortfall.

Das Rotbuch erschien diesmal gemäß der Forderung der Subkommission ohne Einleitung und nähere Motivierung der politischen Tätigkeit des Außenministeriums (Kolmer 2, 159). Der Gesandte von Schweinitz berichtete am 22. Mai 1871: „Graf Beust tritt vor die Delegationen mit einem Rotbuch, dessen Hauptzweck ist, das gute Verhältnis Österreich-Ungarns zum Deutschen Reich zu konstatieren; welches nächstdem die Politik des Reichskanzlers in der Pontusfrage den Ungarn als kühn und energisch, den Cisleithaniern als vorsichtig und friedlich darlegen soll; welches endlich über Rom kein Wort enthält."

Zu 7. Vgl. Kolmer 2, 233/34: „Das von Andrássy im September 1872 vorgelegte Rotbuch enthielt 69 Aktenstücke... Die Delegierten vermißten in dem Rotbuch jede Andeutung über die drei Kaiser-Entrevue in Berlin, es enthielt keine Andeutung über den Kulturkampf und die Jesuitenfrage in Deutschland, keine Andeutung über den sozialen Kongreß in Berlin, Fragen, die in diesem Jahre die Welt bewegten. Infolgedessen sprach die Delegation dem Rotbuch jeden Wert ab. Dagegen wurde von den Offiziösen eingewendet, Beust habe seinerzeit mit seinen Enthüllungen im Rotbuch nur den journalistischen, nicht den diplomatischen Standpunkt gewahrt und dadurch vielfach zu Reklamationen und Rekriminationen Anlaß geboten, ja sogar manchen diplomatischen Erfolg durch seine Schreibseligkeit in Frage gestellt. Andrássy begnüge sich mit der Veröffentlichung von Akten über bereits abgeschlossene Fragen. Das Rotbuch hätte nur den Zweck, den Vertretungskörpern einen Maßstab über die Leistungsfähigkeit und Vertrauenswürdigkeit des Leiters des Auswärtigen Amtes zu geben. Die Delegationen waren von dieser Erläuterung nicht befriedigt, es geschah aber weiter kein Schritt, um den Minister des Äußern zu veranlassen, das Rotbuch aktueller zu gestalten."

Zu 8. Vgl. Kolmer 2, 273; ferner Andrássys Äußerungen zum Rotbuch und über die Veröffentlichung diplomatischer Schriftstücke im allgemeinen in der Delegationssitzung vom 19. April 1873: „Ich glaube, die Absicht der Subkommission für das Budget des Äußeren trifft vollständig mit dem zusammen, was das Ministerium des Äußern zu erreichen beabsichtigte, als es das Rotbuch diesmal in neuer Gestalt vorlegte: nämlich, das Vorurteil zu beheben, als ob es im Rotbuche das volle Bild seiner gesamten Tätigkeit vor die Öffentlichkeit bringen könnte... Die Aktenstücke des Auswärtigen Amtes sind in der Regel dreierlei: Weisungen, Berichte und Korrespondenzen in besonderen Fragen, welche zwischen den Regierungen auftauchen. Daß die beiden ersten, wenn sie ihrem Zwecke entsprechen sollen, nur sehr selten, ja man kann sagen, im allgemeinen gar nicht zur Veröffentlichung in irgendwelcher Form geeignet sind, das brauche ich nicht erst zu beweisen; bleibt also die dritte Kategorie jener Korrespondenzen, aus denen die berufenen Körperschaften und später die Geschichte über die Tätigkeit des Ministeriums auf Grund amtlicher Daten sollen urteilen können."

„Ich glaube daher, daß, wenn Sie nicht etwa einen Minister direkt anweisen, alles zu veröffentlichen, was im Ministerium geschehen, was kaum angeht, derselbe praktisch gezwungen sein wird, so vorzugehen, wie noch jeder unter parlamentarischer Kontrolle stehende Minister vorzugehen gezwungen war, nämlich hauptsächlich — denn ich leugne nicht, daß es Ausnahmen gibt — abgeschlossene Fragen vor die Öffentlichkeit zu bringen, deren Mitteilung dem Interesse des Staates nicht abträglich ist [1]."

Kurz darauf, am 28. April 1873, behandelte Andrássy dieselben Fragen noch einmal besonders ausführlich in der Sitzung des Budgetausschusses der Delegation des Reichsrats. Vgl. den Sitzungsbericht der „Wiener Zeitung" (Aus den Delegationen. Wien, 28. April), den Schweinitz seinem Bericht vom 30. April 1873 beifügte. Darin heißt es am Schluß: „Redner reassumiert seine Ausführungen dahin, daß die Auffassung, als könne man die Wirksamkeit eines Ministers des Äußern je nach dem Interesse beurteilen, welches das Rotbuch bietet, absolut falsch sei, und er müsse die Schlußfolgerung entschieden zurückweisen, daß ein Minister des Äußern wenig tue, weil er wenig publiziere."

„Das interessanteste Rotbuch wäre jedenfalls das eines Ministers, der, weniger bekümmert um die tatsächlichen Folgen, seine Aktionen im voraus darnach einrichten würde, daß sie in einem Buche in interessanter Form veröffentlicht werden können. Es herrschen hierüber ziemlich verwirrte Begriffe in der Öffentlichkeit; und ohne sich aus dem Umfange des Schriftwechsels ein Verdienst machen zu wollen, da denn doch der Wert von den Resultaten der Aktionen und nicht von Noten abhänge, — müsse er doch ausdrücklich die Auffassung widerlegen, daß man im Ministerium des Äußern früher zuviel geschrieben habe und jetzt zu wenig schreibe. Der Unterschied war bloß der, daß früher eine andere Form des Rotbuches konvenierte, wobei in der Aktion hierauf schon mehr oder minder Rücksicht genommen werden müßte. Redner weiß nicht, ob auch sein geehrter Vorgänger im Amte auf die Dauer diese Form hätte beibehalten können; er sei auch weit davon entfernt, demselben einen Vorwurf daraus zu machen, daß er anders vorgegangen, und meine, daß diesbezüglich jedem die Freiheit gewahrt sein müsse, die Dinge

[1]) Nach einem am 20. April 1873 von dem Botschafter von Schweinitz eingesandten Zeitungsbericht.

nach seiner Art aufzufassen. Seine Auffassung sei im allgemeinen die, daß die Wesenheit der Kontrolle nicht in der Form und Ausdehnung des Rotbuches, sondern in der Wirklichkeit verfassungsmäßiger Einrichtungen bestehe."

„Wo wahrhafter Konstitutionalismus herrsche, dort bestehe die Garantie mit oder ohne Rotbuch, denn dort, wie immer die Form der Kontrolle sei, fühle sich der Minister des Äußern stets gezwungen, der Krone nur eine Politik anzuraten, von der er überzeugt ist, daß sie auch von den berechtigten konstitutionellen Faktoren getragen und unterstützt werden würde. Die andere Garantie bestehe in dem Rechte der Interpellation, und so wie er offen erkläre, das Rotbuch als Barometer der ministeriellen Tätigkeit nicht akzeptieren zu können, so sei er stets bereit, über spezielle Fragen, insoweit es die höchsten Interessen des Staates zulässig erscheinen lassen, mit möglichster Rückhaltlosigkeit die gewünschten Aufklärungen zu erteilen."

Zu 9. Vgl. Kolmer 2, 355. — Das wenig Interesse bietende Rotbuch vom April 1874 wurde in der Sitzung der Delegationen vom 9. Mai einer ziemlich abfälligen Kritik unterzogen. Fürst Czartoryski regte sogar die Frage an, „ob die Publikation des Rotbuches nicht zu unterlassen wäre. Daß die Institution sich überlebt habe, sei durch den Umstand erwiesen, daß noch keines dieser Hefte zu eingehenden Diskussionen Anlaß gegeben habe. Dr. Giskra spricht sich gegen diese Abschaffung aus; die Rotbücher haben im Gegenteile zur Beurteilung der Ziele und Mittel unserer Politik dankenswerte Aufschlüsse gegeben, und es sei ratsam, weder die Delegation in ihrem Rechte, mittelst der Rotbücher Aufklärung zu verlangen, noch den Minister in der Möglichkeit, durch dieselben Aufschlüsse zu geben, zu beschränken."

„Graf Andrássy wiederholt seine oft ausgesprochene Ansicht von dem Werte der Rotbücher und glaubt, daß die Tätigkeit des Ministeriums nur richtig nach dem Erfolge zu beurteilen sei; dennoch könne er eine gänzliche Abschaffung der Institution nicht provozieren, da sich oft die Möglichkeit bieten kann, daß derlei Publikationen beiderseits wünschenswert erschienen. Er betrachte das Rotbuch als eine Mitgarantie des konstitutionellen Lebens. Fürst Czartoryski erklärt, infolge dieser Äußerungen keinen Antrag stellen zu wollen [1]).“

Zu 10. Kein Rotbuch, sondern ein Braunbuch [2]). Vgl. Kolmer 2, 357/58: „Am 7. Oktober 1875 wurde der Delegation statt des Rotbuches bloß eine Sammlung handelspolitischer Aktenstücke, das sogenannte Braunbuch unterbreitet. Delegierter Teuschl führte Klage über das Ausbleiben des Rotbuches, das bisher trotz seiner Mangelhaftigkeit doch manches interessante völkerrechtliche Aktenstück geboten hatte. Im Interesse der Wahrung der Würde und des Ansehens der Delegation wäre die Vorlage einer solchen Sammlung von Aktenstücken wünschenswert, wenn sich auch der Minister des Äußern des vollständigen Vertrauens der Delegation erfreue. An diese Bemerkungen knüpfte Redner die Frage, ob die Regierung künftig wieder ihre diplomatische Korrespondenz vorlegen werde...“

„Graf Andrássy erwiderte: Es ist nicht Geheimniskrämerei, nicht diplomatische Wichtigtuerei, sondern das Interesse der Sache selbst, die mich bei der Auflassung des Rotbuches leitete. Nach meiner Überzeugung wäre unter gewissen Verhältnissen das Erscheinen des Rotbuches nicht nur nicht nützlich, sondern geradezu schädlich. Die Aktion der Diplomatie gleicht einem Kartenspiele, bei dem man dem Gegner die Karten nicht zeigen kann. Was man aus eigenem Interesse der Öffentlichkeit preisgeben könnte, das kann man aus Rücksichten für andere nicht tun, um ihr Vertrauen nicht zu verlieren. Ich erkläre, daß derjenige Minister des Äußern, der im Rotbuch die Akten, welche nötig wären, um seine Gebarung zu kontrollieren, veröffentlichen würde, nur das

[1]) Nach einem von der Botschaft Wien am 10. Mai 1874 eingereichten, „Pest. 9. Mai“ datierten Zeitungsbericht.

[2]) Erschien gleichzeitig auch als Grünbuch mit ungarischem Titel und Inhaltsverzeichnis.

Schicksal verdienen würde, daß der erste Posten „Minister des Äußern“ aus seinem Budget gestrichen würde.“

Über den Zweck der Publikation unterrichtet folgende Vorbemerkung (S. 3): „Um dem in der letzten Session der hohen Delegationen ausgedrückten Wunsche zu entsprechen, hat das k. und k. gemeinsame Ministerium des Äußern die Veröffentlichung einer Sammlung seiner Korrespondenzen und einzelner Berichte der k. und k. Missionen und Konsulate veranlaßt, die handelspolitische Gegenstände behandeln. Diese Publikationen haben den Zweck, die Tätigkeit des Auswärtigen Amtes auf handelspolitischem Gebiete nach einigen Richtungen zu illustrieren. Sie sind bestimmt, bei Verhandlungen über Gegenstände dieser Natur in Betreff des internationalen Verkehrs zur Orientierung zu dienen. Sie sollen zugleich den beteiligten kommerziellen, industriellen und landwirtschaftlichen Kreisen wertvolle Anhaltspunkte zur Förderung ihrer wirtschaftlichen Interessen an die Hand geben.“

Zu 11. Braunbuch Nr. 2. Grüne ungarische Ausgabe wie bei 10. Vgl. Kolmer 2, 416.

Zu 12. Vgl. Kolmer 2, 434. — Zu 13—15 ebenda, 451.

Zu 16. Vgl. Kolmer 3, 440. — In der Plenarsitzung der Delegation des Reichsrats vom 4. November 1880 berührte der Delegierte Freiherr von Hübner kurz auch das Rotbuch mit folgender Äußerung: „Der Herr Minister des Äußeren hat uns eine große Anzahl diplomatischer Korrespondenzen vorgelegt. Ein sehr wertvoller Beitrag für den historischen Überblick seiner Verhandlungen mit der Pforte, mit den Berliner Traktatmächten und den Balkanstaaten. Über die leitenden Motive, über die Ziele des k. k. Kabinetts verbreitet das Rotbuch kein neues Licht. Ich mache deshalb dem Herrn Minister keinen Vorwurf. Er allein ist befähigt, er allein ist berufen, zu entscheiden, was ohne Nachteil für die öffentliche Sache mitgeteilt werden kann und was nicht. Wer am Whisttische sitzt, spielt nicht mit aufgelegten Karten. Das tut nur der Strohmann." (Wiener Zeitung vom 6. 11. 1880, Nr. 257.)

Zu 17. Das letzte Rotbuch der alten Reihe. Vgl. Kolmer 3, 445: „Das Rotbuch, welches im Oktober 1881 den Delegationen unterbreitet wurde, war ein posthumes Werk Haymerles [1]). Es war das letzte, das überhaupt den Delegationen zukam, da der Nachfolger Haymerles im Ministerium des Äußern, Graf Gustav Kalnoky, die Ausgabe des Rotbuches einstellte. Das letzte Rotbuch enthielt ausschließlich Akten zur montenegrinischen und griechischen Grenzfrage und war von auffallender Dürftigkeit."

Zu 20. Wegen ihres handelspolitischen Charakters wurde diese Sammlung von Aktenstücken als Braunbuch herausgegeben.

Zu 24. Das letzte Rotbuch vor Ausbruch des Weltkrieges, über das sich der Abgeordnete Prinz zu Schoenaich-Carolath im deutschen Reichstag am 14. Mai 1914 folgendermaßen äußerte: „Was dieses Rotbuch anlangt, so muß ich sagen, daß wir aus diesem Rotbuch erfahren und in ihm lesen können, was wir längst gewußt haben; was wir nicht wissen, aber gern wissen möchten, erzählt uns Graf Berchtold in seinem Rotbuch nicht. Er wird sich ja nun mit den Delegationen in Wien und Budapest über dieses Rotbuch zu unterhalten haben, und es scheint mir, als ob in den Delegationen bereits der Eindruck vorhanden wäre, sie hätten etwas anderes und mehr von diesem Rotbuch erwartet [2])."

England.

In keinem Lande tritt der enge Zusammenhang zwischen Farbbüchern und parlamentarischem System so deutlich in die Erscheinung wie in England. Das klassische Land des Parlamentarismus ist auch die Heimat der Blaubücher. Hier

---

[1]) † 10. Oktober 1881 vor Eröffnung der Delegationssession.

[2]) RB 295, 8851.

entstand diese Sitte, von hier aus hat sie sich, man kann wohl sagen, über die ganze Welt verbreitet. Um so mehr muß es auffallen, daß die englischen Blaubücher trotz ihres ehrwürdigen Alters von mehr als zweihundert Jahren noch keine zusammenfassende Darstellung ihrer geschichtlichen Entwicklung gefunden haben [1]).

Bei jeder Betrachtung der Blaubücher hat man stets folgendes zu beachten: es handelt sich bei ihnen keineswegs nur um Veröffentlichungen diplomatischer Dokumente zur auswärtigen Politik, also um Blaubücher im engeren Sinne, sondern um sämtliche englischen Parlamentsdrucksachen, die von jeher nach ihrem blauen Umschlag zwar nicht amtlich, aber populär ganz allgemein als Blue-Books bezeichnet wurden [2]).

---

[1]) Anfragen bei der Bibliothek des Foreign Office und beim Stationery Office in London haben die Tatsache bestätigt.

[2]) Fehlt der blaue Umschlag, was jedoch keinen Art-Unterschied bedeutet, so spricht man von „White Papers". Vgl. The Encyclopaedia Britannica. 11. ed. Vol. 4. Cambridge 1910, S. 91: „Bluebook, the general name given to the reports and other documents printed by order of the parliament of the United Kingdom, so called from their being usually covered with blue paper, though some are bound in drab and others have white covers." — Reference Service on International Affairs. Paris. Bulletin No. 3. October 25, 1924 (Summary of source material), S. 9: „Users of British Parliamentary publications popularly refer to them as „blue books" and „white papers", and it is widely assumed that these terms have a distinctive meaning. That is not the case; the terms have received currency because British paper-covered publications are jacketed in blue, while those self-covered are white. The color of the finished product is a matter of printer's technique dependent principally upon size." — Die Frage, warum man in England von Anfang an gerade blaues Umschlagpapier wählte, — irgendwelche Farbensymbolik spielte keine Rolle dabei — hat Herr Professor Dr. Paul Klemm in Gautzsch bei Leipzig, dem ich zu besonderem Dank verpflichtet bin, durch gütige Vermittlung des Deutschen Museums für Buch und Schrift folgendermaßen beantwortet: „Die Gründe, weshalb blau seit alter Zeit eine sehr gewöhnliche Farbe für Schriftstück-Umschläge war, sind wohl sehr einfache, und sind im Grunde vernünftigem, haushälterischem, praktischem Sinn entsprungen. In früheren Zeiten, als man blaue Lumpen

Die erste Order, die sich mit der Drucklegung von Parlamentspapieren befaßte, erging am 30. Juli 1641 [1]).

noch nicht zu bleichen verstand, sortierte man sie aus und verwendete sie dann zu solchen Papieren, bei denen die blaue Farbe nicht störte und eher nützlich war, nämlich zu allerhand Hüllpapieren, auf denen man den Schmutz nicht so leicht sah. So ist Blau, zum Teil weil es nicht so leicht schmutzt und deshalb praktisch ist, wohl aber auch aus Gewohnheit Kennzeichenfarbe für Umschläge von Schriftstücken geblieben." –

Eine Stelle in den „State Papers" aus der Zeit Karls I. liefert den Nachweis, daß der Ausdruck „blue Books" bereits im Jahre 1633 ein durchaus geläufiger war. Vgl. Calendar of State Papers, Domestic Series, of the reign of Charles I. 1633–1634. Ed. by John Bruce. London 1863, S. 279: „Dr. Ames's death has put them in hope that they shall not be troubled so much with blue books as heretofore." Freilich ist hier nicht von Parlamentspapieren die Rede, sondern von presbyterianischen Traktaten des Dr. Ames, „professor of divinity", die von Holland aus in London eingeschmuggelt wurden. Vgl. in demselben Band der Calendars S. 213 und Samuel R. Gardiner: History of England 1603–1642. Vol. 7. 1886, S. 315.

Auch in der holländischen Publizistik des 17. Jahrhunderts tauchen „Blauhefte" (blaeuboecxskens) auf, „vlugschriften op grof papier, meestal in 4° gedruckt, in een stijven blaeuven omslag gehuld." Vgl. P. J. Blok: De Nederlandsche Vlugschriften over de vredesonderhandelingen te Munster 1643–1648. (Verslagen en Mededeelingen der Koninklijke Akademie van Wetenschappen. Afd. Letterkunde. 4. Reeks. 1. Deel. Amsterdam 1897, S. 294–296); Wilhelm Bauer: Die öffentliche Meinung und ihre geschichtliche Grundlage. Tübingen 1914, S. 242; Derselbe: Einführung in das Studium der Geschichte. 2. Aufl. 1928, S. 307.

[1]) The Parliamentary or constitutional History of England. 2. ed. Vol. 9. London 1763, S. 504:... „That these votes shall be printed, and attested under the Clerk's Hand." Siehe auch S. 505/06. – Vgl. Notes and Queries: A Medium of Inter-Communication for literary men, general readers ... Ser. 4. Vol. 1. London 1868, S. 317: „Blue Books. The first publication of a parliamentary paper took place in 1641, and the first committee for the purpose was appointed in 1642. The first collection of such papers was published in 1643." – Der Titel dieser ersten gedruckten Sammlung von Parlamentspapieren lautet (nach dem in der Preußischen Staatsbibliothek vorhandenen Exemplar): „An exact Collection of all Remonstrances, Declarations, Votes, Orders, Ordinances, Proclamations, Petitions, Messages, Ans-

Am 24. März 1681 fand im House of Commons eine wichtige Debatte statt „on printing the Votes". Es wurde beschlossen, „That the Votes and Proceedings of this house be printed"; „That the care of printing the votes may be committed to the Speaker[1]."

1763 erhielt das Unterhaus eine eigene Druckerei, die den Abgeordneten die Parlamentspapiere kostenlos lieferte. Der Verkauf an das Publikum dagegen geriet allmählich völlig ins Stocken, ein stark empfundener Übelstand, der erst im August 1835 beseitigt wurde durch den Beschluß, die Drucksachen des Parlaments der Öffentlichkeit möglichst billig zur Verfügung zu stellen. Diese Praxis ist dann seit 1836 regelmäßig durchgeführt worden[2].

Die Frage, wann und bei welcher Gelegenheit die englische Regierung dem Parlament zum erstenmal ein außenpolitisches Blaubuch vorgelegt hat, ist noch nicht geklärt[3]. Maßgebend wird auch hier die wachsende Macht des Parlaments gewesen sein. Schon 1624 nahm das letzte Parlament Jacobs I. das Recht der Kritik in auswärtigen Angelegenheiten für sich in Anspruch, ein Vorgang, der sich unter Karl I. wiederholte[4]. Wirklich eingebürgert hat sich der Brauch in

---

wers, and other Remarkable Passages between the Kings most Excellent Majesty, and his High Court of Parliament beginning at his Majesties return from Scotland, being in December 1641, and continued untill March the 21, 1643. Which Were formerly published either by the Kings Majesties Command or by Order from one or both Houses of Parliament.... London, Printed for Edward Husbands, T. Warren, R. Best, and are to be sold at the Middle Temple, Grays Inne Gate and the White Horse in Pauls Churchyard, 1643. 4°."

[1] Cobbett's Parliamentary History of England. Vol. 4. London 1808, Sp. 1306–1308.

[2] Nach Josef Redlich: Recht und Technik des Englischen Parlamentarismus. Leipzig 1905, S. 302 ff.

[3] Herr Professor Dr. Wolfgang Michael in Freiburg i. Br., dem ich für verschiedene freundliche Hinweise zu danken habe, bereitet eine Abhandlung über die Entstehung der englischen Blaubücher vor, die auch dieses Problem berühren wird.

[4] Vgl Gardiner: History of England 1603–1642. Vol. 5. 1886,

England erst mit der Festigung des parlamentarischen Systems im Laufe des achtzehnten Jahrhunderts, und zwar nicht ohne scharfe Kämpfe und Debatten über die Zulässigkeit, die endlich anerkannt wurde.

Ein frühes Beispiel bietet das Jahr 1715 bei dem Staatsprozeß der damaligen Whig-Regierung gegen die abgetretenen Tory-Minister aus der Zeit der Königin Anna wegen des von ihnen abgeschlossenen Utrechter Friedens. Es war eine geheime Kommission eingesetzt worden, die dem Parlament am 9. Juni 1715 zugleich mit ihrem Bericht, „einem Parteimeisterstück Robert Walpoles [1])“ eine größere Menge von diplomatischen Aktenstücken aus dem Verlaufe der Friedensverhandlungen zunächst handschriftlich vorlegte, worauf dann gegen Lord Bolingbroke die Anklage auf Hochverrat erhoben wurde. Der Bericht und die Aktenstücke sind bald darauf auch noch gedruckt worden [2]).

Zu einer ebenso interessanten wie aufschlußreichen Blaubuchdebatte über das Für und Wider dieser Einrichtung kam es am 23. Januar 1734. Sie zeigte, daß das Parlament damals in seiner Gesamtheit durchaus noch nicht

---

S. 183 ff., 407. — Felix Salomon: Englische Geschichte von den Anfängen bis zur Gegenwart. Leipzig 1923, S. 96.

[1]) Ranke: Englische Geschichte. Bd. 8. 2. Aufl. 1872, S. 59.

[2]) „A Report from the Committee of Secrecy, Appointed by Order of the House of Commons to examine Several Books and Papers laia before the House, relating to the late Negotiations of Peace and Commerce, etc. Reported on the Ninth of June, 1715. By the Right Honourable Robert Walpole, Esq; Chairman of the said Committee. Together with an Appendix containing Memorials, Letters, and other Papers referred to in the said Report. Publish'd by Order of the House of Commons. London: Printed for Jacob Tonson, Timothy Goodwin, Bernard Lintott, and William Taylor. 1715.“ (Titel nach dem in der Preußischen Staatsbibliothek vorhandenen Originaldruck.) Auch im Appendix zu Cobbett's Parliamentary History of England. Vol. 7. London 1811. Vgl. Cobbett a. a. O. Sp. 64—66; Wolfgang Michael: Englische Geschichte im achtzehnten Jahrhundert. Bd. 1. 2. Titel-Ausg. 1921, S. 475 ff.

von dem Nutzen außenpolitischer Blaubücher überzeugt war [1]).

Neuerdings liegt die Sache so, daß für die englische Regierung keine Verpflichtung besteht, dem Parlament alljährlich urkundliches Material über auswärtige Angelegenheiten vorzulegen. Es entspricht aber der konstitutionellen Praxis, falls es vom Parlament gewünscht wird oder auch antizipierend, über bestimmte Fragen Blaubücher zu veröffentlichen, jedoch nur dann, wenn dies dem öffentlichen Interesse nicht schädlich ist [2]).

Die bibliographische Verzeichnung der englischen Blaubücher ist in der neueren Zeit mit außerordentlicher Genauigkeit erfolgt. Auch private buchhändlerische Initiative hat auf diesem Gebiet Hervorragendes geleistet, so daß trotz der Unermeßlichkeit des Materials jederzeit eine leichte und sichere Orientierung möglich ist [3]).

---

[1]) Cobbett's Parliamentary History. Vol. 9. Sp. 200 ff.: „Debate in the Commons on Sir J. Rushout's Motion for Copies of the Instructions sent to the British Ministers in France and Spain, relating to the Execution of the Treaty of Seville". — Für die Rechte des Parlaments trat besonders Mr. Pulteney ein: „I stand up now, as I have been obliged to do upon many other occasions, to assert the rights and the privileges of this House; we have not only a right to call for what papers we think necessary for our information, but we have a right to have the papers so called for, laid before us."

[2]) Bericht des Botschafters in London Grafen von Metternich an das Auswärtige Amt vom 23. November 1906.

[3]) Einen Überblick über die englischen Parlamentsdrucksachen sowie über ihre wichtigsten Bibliographien findet man an folgenden Stellen: Robert v. Mohl: Die Geschichte und Literatur der Staatswissenschaften. Bd. 2. Erlangen 1856, S. 63 ff. — Edward Edwards: Memoirs of libraries. Vol. 2. London 1859, S. 609 ff. — Frank Campbell: The Theory of National and International Bibliography. London 1896, S. 112 ff.; 345 ff. — D. P. Myers: Manual of Collections of Treaties. Cambridge 1922, S. 192 ff. — Georg Schneider: Handbuch der Bibliographie. Leipzig 1923, S. 420/21. — Thomas Erskine May: A treatise on the law, privileges, proceedings and usage of Parliament. 13. ed. London 1924, S. 199—201, 620 ff. — Reference Service on International Affairs. Bulletin No. 3, 1924, S. 8—11. — James B. Childs:

Frankreich.

Die Entstehung der neueren französischen Gelbbücher geht auf Napoleon III. zurück [1]), der sich im Jahre 1860 von der öffentlichen Meinung gedrängt, gezwungen sah, zur Rettung seiner Popularität den Liberalen verschiedene Zugeständnisse in der Richtung einer mehr parlamentarischen Regierungsform zu machen. Unter den Deputierten war es besonders die Gruppe der sogenannten „Fünf" (Emile Ollivier, Darimon, Ernest Picard, Hénon und Jules Favre), die energisch für eine Machterweiterung des Parlaments eintrat. Unter dem Druck dieser Bestrebungen erließ Napoleon „voulant donner aux grands Corps de l'Etat une participation plus directe à la politique générale de notre gouvernement et un témoignage éclatant de notre confiance" das bedeutungsvolle Dekret vom 24. November 1860, „la plus importante des évolutions successives qui transformèrent l'Empire autoritaire en Empire libéral". Dieses Dekret bestimmte:

Art. 1er. Le Sénat et le Corps Législatif voteront tous les ans, à l'ouverture de la session, une adresse en réponse à notre discours.

Art. 2. L'adresse sera discutée en présence des Commissaires du Gouvernement, qui donneront aux Chambres toutes les explications nécessaires sur la politique intérieure et extérieure de l'Empire.

Um nun den Kammern die Möglichkeit einer außenpolitischen Diskussion zu geben, wurde es notwendig, ihnen als Grundlage und Ausgangspunkt das entsprechende amtliche

---

An account of Government document bibliography in the United States and elsewhere. Printed as manuscript. Washington (Library of Congress) 1927, S. 9—11, 27 ff.

[1]) Daß man den Brauch auch schon früher in Frankreich kannte, beweist z. B. das am 16. Mai 1850 der Nationalversammlung vorgelegte Gelbbuch „Nr. 1033. République française. Liberté, Egalité, Fraternité. Assemblée Nationale. Pièces diplomatiques relatives aux affaires de la Grèce, déposées sur le bureau de l'assemblée nationale, par M. le général De La Hitte, Ministre des Affaires Etrangères." (240 S.)

Material zu unterbreiten. In der Rede, mit der Napoleon am 4. Februar 1861 die Kammersession eröffnete, verkündete er:

„J'ai décidé que tous les ans un exposé général de la situation de l'Empire serait mis sous vos yeux et que les dépêches les plus importantes de la diplomatie seraient déposées sur vos bureaux [1])."

Damit waren die Gelbbücher begründet, worüber das Journal des Débats am 7. Februar 1861 folgenden Bericht brachte:

„Le Sénat et le Corps-Législatif se sont réunis hier mardi pour commencer leurs travaux. Dans cette première séance, les deux Assemblées ont reçu communication des divers documents annoncés dans le discours de l'Empereur. Le premier de ces documents, le seul, qui soit publié ce matin par le „Moniteur", est intitulé: „Exposé de la situation de l'Empire". Il contient le tableau complet et détaillé de la situation générale, examinée dans l'ordre des divers départements ministériels. L'abondance des matières ne nous permet pas de reproduire aujourd'hui ce document, qui ne remplit pas moins de vingt-cinq colonnes du „Moniteur". Les autres documents déposés dans la même séance sur le bureau des deux Chambres sont les pièces diplomatiques les plus importantes de l'année 1860, c'est-à-dire celles qui ont rapport à l'annexion de l'Italie centrale, à la question de la Savoie et de Nice, aux affaires de Rome, aux affaires de l'Italie méridionale, à l'entrevue de Varsovie, aux affaires de Syrie et à l'expédition de Chine [2])."

---

[1]) Journal des Débats. 5. Februar 1861.

[2]) Vgl. Charles Emile de Maupas: Mémoires sur Le Second Empire. P. 2. L'Empire et ses transformations. 3. éd. Paris 1885. S. 91 — 117. Chapitre V. Les décrets du 24. novembre 1860, besonders S. 99, 111. — Pierre de la Gorce: Histoire du Second Empire. T. 3. Paris 1896. S. 433—476. Livre XXII. Le décret du 24. novembre, besonders S. 442. — Emile Ollivier: L'Empire Libéral. T. 5. Paris 1900, S. 124. — Revue Contemporaine. Année 10. Série 2. T. 19. Paris 1861, S. 534. — Revue des deux mondes. Année 31. 2. Pér. T. 31. Paris 1861, S. 1007 ff. — Karl Twesten: Was uns noch retten kann. Berlin 1861, S. 18.

Die von Napoleon III. geschaffene Einrichtung der Gelbbücher wurde auch von der dritten Republik übernommen. Auf eine vom deutschen Auswärtigen Amt am 22. November 1906 im Zusammenhang mit der Resolution Hompesch [1]) ergangene Anfrage, ob die französische Regierung verpflichtet sei, dem Parlament alljährlich urkundliches Material über die auswärtigen Angelegenheiten vorzulegen, antwortete der Botschafter Fürst Radolin: Es bestehe für die französische Regierung keine gesetzliche oder sonstige Verpflichtung, alljährlich oder in bestimmten Perioden urkundliches Material über auswärtige Angelegenheiten dem Parlament vorzulegen. Die Publikation von Gelbbüchern erfolge nach Bedarf und nach Belieben der Regierung [2]).

Über den Wert und Charakter der neueren französischen Gelbbücher fällt Joseph Barthélemy folgendes Urteil:

„On leur reproche, à juste titre, de n'être pas assez nombreux, de porter de préférence sur des questions secondaires de technique internationale, rarement sur les grandes affaires politiques, de contenir un nombre insuffisant de documents de telle sorte que, souvent, pour connaître des négociations françaises, on est obligé de consulter les „parliamentary papers" d'Angleterre [3])."

Eine 213 Nummern umfassende „Bibliographie des Livres Jaunes à la date du 1er janvier 1922" veröffentlichte Robert Dore in der Revue des Bibliothèques, Année 32, 1922 (auch als Sonderdruck erschienen). Vgl. Myers: Manual of Collections of Treaties, 156 ff. und die neueste bibliographische Übersicht in OP, Bl. 79—81.

---

[1]) Siehe oben S. 84.

[2]) Nach den Akten.

[3]) „Démocratie et Politique Etrangère", Paris 1917, S. 185. Vgl. S. R. Chow: Le contrôle parlementaire de la politique étrangère. Paris 1920. S. 202. („On voit souvent des années s'écouler, même pendant des périodes de crises internationales, sans qu'un livre jaune soit publié. D'ailleurs, même dans le cas où des livres jaunes sont publiés, on ne peut pas compter y obtenir nécessairement des renseignements essentiels sur les questions de politique extérieure.")

Italien.

Über den Ursprung der italienischen Grünbücher berichtet der bereits erwähnte Artikel „I libri colorati" im „Giornale della libreria" nach der Übersetzung in der „Zeitschrift für Bücherfreunde"[1]) folgendes:

„Wenig später (1861) versprach Cavour auf Anregung des Abgeordneten Audinot, bei der Diskussion, die sich über die Ausrufung Roms zur italienischen Hauptstadt entsponnen hatte (25. und 27. März 1861)[2]), dem Parlament eine Sammlung diplomatischer Akten vorzulegen. Er fügte jedoch gleich hinzu, daß man nicht erwarten solle, große Dinge daraus zu erfahren, da die Dokumente vertraulichen Charakters nicht veröffentlicht werden könnten. Cavour starb (6. Juni 1861), bevor er sein Versprechen ausführen konnte. Später (d. h. noch im Juni desselben Jahres) wurde in Italien der Brauch eingeführt, dem Parlament Sammlungen diplomatischer Akten zu unterbreiten; sie trugen einen grünen Umschlag und wurden daher Grünbücher genannt, das Grün wurde gewählt als eine der Farben der italienischen Flagge."

Das erste italienische Grünbuch erschien am 27. Juni 1861. Lückenlose bibliographische Verzeichnisse der Grünbücher bieten zwei amtliche italienische Veröffentlichungen: 1. Biblioteca del Ministero degli Affari Esteri. Documenti diplomatici (Libro Verde), presentati al Parlamento Italiano dal 27 Giugno 1861. Die Liste umfaßt 104 Nummern und reicht bis zum 30. Januar 1906. — 2. Ministero delle Finanze. Provveditorato generale dello Stato. Pubblicazioni edite dallo Stato o col suo concorso (1861—1923). Catalogo generale. Roma: Libreria dello Stato 1924, Sp. 35—46: Documenti diplomatici (Libri Verdi); 138 Nummern bis zum 1. Juni 1923[3]).

---

[1]) Siehe oben S. 1.

[2]) Camillo di Cavour: Discorsi parlamentari. Raccolti e pubblicati per ordine della Camera dei Deputati. Vol. 11. Roma 1872, S. 314 ff.

[3]) Vgl. auch D. P. Myers: Manual of Collections of Treaties. Cambridge 1922, S. 234—239.

Rußland.

Das Land, in dem der Zar als unumschränkter Selbstherrscher regierte, war kein Boden für Blaubücher. Erst nach der Begründung der Reichsduma am 6. August 1905 und nachdem durch das Manifest vom 17. Oktober desselben Jahres allen Untertanen des russischen Reichs die sogenannten Grundrechte gewährt waren, und die Duma den Charakter einer wirklich gesetzgebenden Körperschaft erhalten hatte, der die Regierung sich gewissermaßen verantwortlich fühlte, erst von da ab begegnet man auch in Rußland ähnlichen Publikationen diplomatischer Schriftstücke wie in den meisten anderen Staaten, erst von da ab gibt es russische Orangebücher.

Wie ängstlich die russische Regierung früher bemüht war, jede derartige Veröffentlichung um jeden Preis zu vermeiden, zeigt ein charakteristischer Vorfall aus dem Jahre 1876, über den der erste Botschaftssekretär in Petersburg, Graf Berchem, am 28. August folgendes berichtete:

„Die Veröffentlichung im Russischen Regierungsanzeiger von Auszügen aus Berichten, welche der russischen Regierung von ihren Agenten und Konsuln zugegangen, hat keine Fortsetzung gefunden. Herr v. Giers [1]) hat den Kaiserlich Österreichischen Botschafter ersucht, seiner Regierung zu versichern, daß es nicht entfernt in der Absicht der russischen Regierung gelegen, durch diese Publikationen den Puls der öffentlichen Meinung in Rußland noch zu steigern. Die Aufnahme offizieller Aktenstücke in den Regierungsanzeiger, welche ohne Vorwissen des Fürsten Gortschakow erfolgt sei, rühre vielmehr lediglich daher, daß der Redakteur, dem kurze Notizen gegeben werden sollten, durch einen Beamten des Ministeriums irrtümlich die Originale selbst eingehändigt erhielt. Herrn v. Giers ist dieses Mißverständnis um so unangenehmer gewesen, als die russische Presse an diesen Vorgang die gewagtesten Vermutungen geknüpft hat [2]).“

[1]) Mitarbeiter des Ministers des Äußern, Fürsten Gortschakow.
[2]) Nach den Akten.

Die von dem „Reference Service on International Affairs" zusammengestellte Liste von Orangebüchern der Zarenregierung enthält im ganzen 17 Nummern aus den Jahren 1906—1915[1]).

In dieser Reihe fehlt das sogenannte „Himbeerbuch" vom Juni 1905, das unter dem Titel „Sammlung der Dokumente anläßlich der Unterhandlungen mit Japan in den Jahren 1903—1904, aufbewahrt in der Kanzlei des Besonderen Komitees des Fernen Ostens" 39 Aktenstücke zur Vorgeschichte des russisch-japanischen Krieges umfaßte. Der deutsche Botschafter in Petersburg, Graf von Alvensleben, machte dieses Orangebuch am 14. Juni 1905 zum Gegenstand eine Berichtes, der folgendes ausführte:

„Vor etwa 14 Tagen ist hier, wie mir von verschiedenen glaubwürdigen Seiten übereinstimmend mitgeteilt wird, an eine Anzahl russischer Würdenträger, angeblich auf Befehl des Kaisers Nikolaus selbst, ein Druckheft verteilt worden, in dem etwa 40 auf die Verhandlungen in Japan vor Ausbruch des Krieges bezügliche amtliche Dokumente wiedergegeben sind... Das erwähnte Druckheft ist kurz nach seiner Verteilung wieder eingezogen worden, indessen haben auch Publizisten Gelegenheit gehabt, sich aus demselben Abschriften zu machen, so daß wohl bald mehr darüber in die Öffentlichkeit dringen dürfte[2])."

Das geschah in der Tat. Schon am 12. Juni brachte die Times einen umfangreichen Artikel „The origin of the war. Fresh documents" und bestätigte die durch das Orangebuch in Petersburger Kreisen entstandene Sensation. Auch „Die Zeit" schilderte in ihrer Nummer vom 16. Juni 1905 „Das russische Himbeerbuch", ebenso am 30. Juni die Frankfurter Zeitung. Später hat Wladimir Burtzew dem Fall eine besondere Broschüre gewidmet, die alle Einzelheiten eingehend erörtert und auch die wichtigsten Dokumente wiedergibt. (Der Zar und die auswärtige Politik. Berlin 1910.)

[1]) OP, Bl. 281.
[2]) Nach den Akten.

Dritter Anhang.

Farbbücher als Geschichtsquellen.

Als der Abgeordnete Reichensperger am 15. Dezember 1876 im Reichstag die Einführung von Blaubüchern befürwortete, betonte er, daß es auch ein bedeutendes historisches Interesse habe, derartige Denkschriften zu erhalten, „weil danach ja die Zeitgeschichte geschrieben werde [1])". Dazu ist zu bemerken: wenn jemand wirklich den Mut haben sollte, — denn es gehört Mut dazu — nach Blaubüchern Zeitgeschichte zu schreiben, so würde das Ergebnis ein außerordentlich fragwürdiges sein [2]). Ranke hat das unerbittlich wahre Wort gesprochen: „Die Wahrheit kann nur eine sein [3])". Diese eine Wahrheit würde man in einer auf solchem Quellenmaterial beruhenden Darstellung eines geschichtlichen Verlaufs vergebens suchen. Die Gründe liegen auf der Hand. Es hängt mit dem eigentümlichen Wesen der Diplomatie zusammen, daß die in der diplomatischen Praxis entstehenden Dokumente nicht immer den vollen geschichtlichen Tatbestand wiederspiegeln können [4]). Hält man sich

[1]) Siehe oben S. 68.

[2]) Die beim Ausbruch oder im Verlauf eines Krieges von den Gegnern herausgegebenen Farbbücher stehen unter einem besonderen Gesetz und in diesem Zusammenhang nicht zur Debatte.

[3]) Schlußsatz der Vorrede zur „Deutschen Geschichte im Zeitalter der Reformation".

[4]) Über den Charakter diplomatischer Schriftstücke vgl. Gustav Ratzenhofer: Wesen und Zweck der Politik. Bd. 2. Leipzig 1893, S. 14 ff.; Charles de Martens: Le guide diplomatique. 5. éd. T. 2. P. 2. Leipzig 1866, S. 1/2; P. Pradier-Fodéré: Cours de droit diplomatique. 2. éd. T. 2. Paris 1899, S. 509—511. — Über die „Geheime Korrespondenz" des englischen Auswärtigen Amts handelt Alpheus Todd: Über die parlamentarische Regierung in England. Aus d. Engl. übers. von R. Assmann. Bd. 2. Berlin 1871, S. 424 ff.; vgl. auch die dort zitierten Stellen des „Report from the Select Committee on Diplomatic Service. Ordered, by the House of Commons, to be Printed, 23. July 1861." Dazu D. P. Heatley: Diplomacy and the study of international relations. Oxford 1919, S. 253 ff. (The Publication of Dispatches).

nun vor Augen, daß außenpolitische Farbbücher immer diplomatische Aktenstücke zur Kenntnis der Öffentlichkeit bringen, und daß es sich andererseits bei ihnen ihrer individuellen Bestimmung gemäß um Publikationen handelt, die stets ganz besonderen Absichten dienen sollen und bei deren Zusammenstellung man daher unter Umständen zu den verschiedensten Mitteln greift, wenn sie nur das festgelegte Endziel fördern, hält man sich dies alles vor Augen und nimmt man dazu noch die Tatsache, daß neben den sogenannten ostensiblen, für die Öffentlichkeit bestimmten Depeschen, vielfach geheime Erlasse und Berichte zum Austausch gelangen, so ist eins von vornherein klar: wer Blaubücher als Geschichtsquellen benutzt, muß in jedem Fall äußerste Vorsicht und schärfste Kritik walten lassen[1]). Die Beurteilung des historischen Wertes von Farbbüchern wird stets abhängen von der richtigen Erkenntnis des Zwecks, den ihre Urheber verfolgten. Diese Wahrheit gilt es zunächst bei diesen Sammlungen von Aktenstücken zu erfassen. Auf sie muß in verstärktem Maße Anwendung finden, was Bernheim ganz allgemein über die „innere Wertbestimmung" von Akten bemerkt: „wir besitzen in ihnen auf alle Fälle unmittelbare und untrügliche Zeugnisse für das, was diejenigen, welche diese Akten abfaßten, wollten, daß ihr Publikum von den Vorgängen und Verhältnissen und Motiven wissen sollte bzw. was sie selbst davon wußten, aber wir dürfen niemals ohne Prüfung annehmen, daß wir in diesen Akten untrügliche Zeugnisse der Vorgänge, Verhältnisse und Motive an sich besitzen. Sie fordern uns also zu methodischer Prüfung, nicht zur Skepsis auf; wir haben mit

---

[1]) Geradezu vorbildlich ist das Mißtrauen des englischen Historikers Edward A. Freeman (1823—1892), der diplomatischen Dokumenten gegenüber den Ausspruch tut: „Here we are in the very chosen region of lies; everybody is, by the nature of the case, trying to overreach everybody else. Yet they are instructive lies; they are lies told by people who know the truth; truth may even, by various processes, be got out of the lies; but it will not be got out of them by the process of believing them." (The methods of historical study. Eight lectures read in the university of Oxford, 1884. London 1886, S. 258/59.)

anderen Worten zur Feststellung ihres Zeugniswertes für die Tatsachen, die sie enthalten, alle die Kriterien anzuwenden, welche wir auf die „Tradition" anwenden, und ebensowenig wie uns die Einsicht in die subjektiven Trübungen eines Geschichtswerkes davon abschreckt, dasselbe nach gehöriger Prüfung als Quelle zu verwerten, ebensowenig wird uns die eben besprochene Einsicht von der entsprechenden Benutzung der Akten mit voreiliger Skepsis abschrecken [1])." Nur strengster Forschung wird es jeweils gelingen, den Wahrheitskern eines Blaubuchs herauszuschälen, und je „diplomatischer" man dabei vorgeht, umso sicherer wird man zu einem Ergebnis gelangen und durchschauen, worauf es den Verfassern bei allem Verhüllen und Entschleiern ihrer Geheimnisse im Grunde ankam. Liegen Denkwürdigkeiten und Briefe der beteiligten Diplomaten vor, so wird man diese Veröffentlichungen zur Ergänzung heranziehen und aus ihnen vielleicht wichtige Aufschlüsse gewinnen über Dinge, die das Blaubuch selbst im Dunkel läßt. So mit der Sonde der Kritik behandelt, können unter Umständen auch Farbbücher zu Geschichtsquellen werden, an denen der Historiker trotz der Geringschätzung, mit der die Wissenschaft im allgemeinen die ganze Gattung beurteilt, doch nicht vorübergehen darf.

Gegenüber den zahlreichen kritischen Stimmen, die besonders immer wieder über die englischen Blaubücher zur auswärtigen Politik laut geworden sind [2]), sei hier auf ein Urteil Rankes hingewiesen, aus dem hervorgeht, daß in Einzelfällen auch englische Blaubücher einen nicht geringen geschichtlichen Quellenwert beanspruchen können. Es handelt sich um das im Jahre 1841 in drei Teilen herausgegebene,

---

[1]) Ernst Bernheim: Lehrbuch der Historischen Methode und der Geschichtsphilosophie. 5. u. 6. Aufl. Leipzig 1908, S. 338/39, 473/74.

[2]) Vgl. z. B. Richard Temple, The Manipur Blue-Book (The Contemporary Review. No. 306. June 1891, S. 917) „This Blue-book is hard to read for an ordinary reader, but not harder than other Blue-books. In these publications the arrangement of facts is always jungly and labyrinthine."

rund 1500 Seiten umfassende Blaubuch zur orientalischen Frage „Correspondence relative to the Affairs of the Levant", über das Ranke sich folgendermaßen äußert: „Daß dem Publikum eine Sammlung von Dokumenten dargeboten worden ist, welche über diese Verwicklungen mehr mitteilt, als über irgendeinen Punkt der europäischen Politik bekannt geworden, ist mir schon in jenen Zeiten ein Antrieb gewesen, mir den Gang der Ereignisse zu vergegenwärtigen. Ich habe dabei nicht von wechselvollen Kriegsereignissen zu handeln, noch umfassenden Entwickelungen des Geistes, noch auch von großen Beweisen moralischer Energie und Tatkraft, sondern allein von diplomatischer Tätigkeit, die in der literarischen Welt eher in Mißkredit ist, aber mich dünkt, die Erfolge sind doch höchst merkwürdig und sollten wohl die Aufmerksamkeit fesseln [1])".

Zum Schluß noch eine kurze Bemerkung formeller Natur. Farbbücher, die als Geschichtsquellen bewertet werden sollen, müßten, ganz ohne Rücksicht auf ihren Inhalt, wenigstens in ihrer äußeren Einrichtung und editionstechnisch stets allen Anforderungen der Wissenschaft entsprechen. Die deutschen Weißbücher der Vorkriegszeit sind, wie wir gesehen haben, in dieser Hinsicht nicht frei von gewissen Mängeln. Der Grund liegt hauptsächlich darin, daß sich bei den oft langjährigen Pausen zwischen den einzelnen Weißbüchern keine feste Tradition, keine sichere Norm für die Herstellung dieser Publikationen herausbilden konnte. Dagegen zeigen die englischen Blaubücher von jeher eine fest umrissene bibliographische Bestimmtheit und erscheinen technisch in so einwandfreier Form, daß sie in dieser Beziehung ohne weiteres als Muster gelten können [2]).

---

[1]) Leopold von Ranke: Serbien und die Türkei im neunzehnten Jahrhundert. Leipzig 1879, S. 332/33; vgl. Adolf Hasenclever: Die Orientalische Frage in den Jahren 1838—1841. Ursprung des Meerengenvertrages vom 13. Juli 1841. Leipzig 1914, Vorwort, S. VI/VII.

[2]) Zu dem Thema „Farbbücher als Geschichtsquellen" vgl. noch Heinrich Ulmann: Über den Wert diplomatischer Depeschen

als Geschichtsquellen. Eine akademische Antrittsrede. Leipzig 1874. – F. H. Geffcken: Das Gesandtschaftsrecht u. die diplomatischen Verkehrsformen (Handbuch des Völkerrechts hrsg. von Franz von Holtzendorff. Bd. 3. Hamburg 1887, S. 675). – Theodor Schiemann: Einige Gedanken über die Benutzung und Publikation diplomatischer Depeschen (Historische Zeitschrift. Bd. 83. 1899, S. 243 ff., besonders S. 254). – Heinrich von Treitschke: Politik. Hrsg. von Max Cornicelius. Bd. 2. 2. Aufl. Leipzig 1900, S. 555. – Josef Redlich: Recht und Technik des Englischen Parlamentarismus. Leipzig 1905, S. 296. – Sidney Low: Die Regierung Englands. Übers. von Johannes Hoops. Tübingen 1908, S. 286/87. – E. v. Ullmann: Völkerrecht (Das öffentliche Recht der Gegenwart. Bd. 3. Tübingen 1908, S. 45). – Gustav Wolf: Einführung in das Studium der neueren Geschichte. Berlin 1910, S. 730/31. – Hermann Meyer: Das politische Schriftwesen im Deutschen Auswärtigen Dienst. Tübingen 1920, S. 26. – Wilhelm Bauer: Einführung in das Studium der Geschichte. 2. Aufl. Tübingen 1928, S. 269. – Hagen, Vorwort, S. I/II.

Register.

Die Zahlen bezeichnen die Seiten.

Die letzten Etappen zum Weltkrieg

von

Dr. Th. Schiemann

Professor an der Universität Berlin

Oktav. IV, 352 Seiten. 1915. Geheftet M. 6.—

»Die Vorgeschichte des Weltkrieges ist in dem Buch Schiemanns meisterhaft zusammengelegt, sodaß nicht nur der Politiker, sondern auch der Laie durch das Studium dieses Werkes zu einer rechten Würdigung des großen Krieges kommt.« *Rheinisch-Westfälische Zeitung.*

Die ersten Stundenschläge des Weltkrieges

Eine Zeittafel der wichtigen Vorgänge bei Kriegsausbruch mit Hinweisen auf die einschlägigen Urkunden

von

B. W. v. Bülow

Oktav. VIII, 190 Seiten. 1922. Geheftet M. 3.—

»Ein wissenschaftlich aufs beste geschulter Diplomat hat sich mit dieser Veröffentlichung ein neues Verdienst um die Aufhellung der Schuldfrage erworben. Die Schrift wird zum unentbehrlichen Handwerkszweck des Zeithistorikers gehören.« *Historische Zeitschrift.*

Leitfaden zur Kriegsschuldfrage

von

Graf Max Montgelas

Mitherausgeber der Deutschen Dokumente zum Kriegsausbruch

Oktav. IV, 208 Seiten. 1923. Geheftet M. 3.—

»Es kann, unbeschadet anderer ausgezeichneter Einzeldarstellungen gesagt werden, daß dieses Buch den höchsten Anforderungen genügt. Das liegt schon an der besonderen Eignung des Verfassers.«
Süddeutsche Monatshefte.

FSC
www.fsc.org
MIX
Papier | Fördert
gute Waldnutzung
FSC® C083411

Kolibri 360 GmbH
Ferdinand-Jühlke-Straße 7
99095 Erfurt, Deutschland
produktsicherheit@kolibri360.de